しずおか

大人もはまる 動物園・水族館 ガイドブック

静岡新聞社

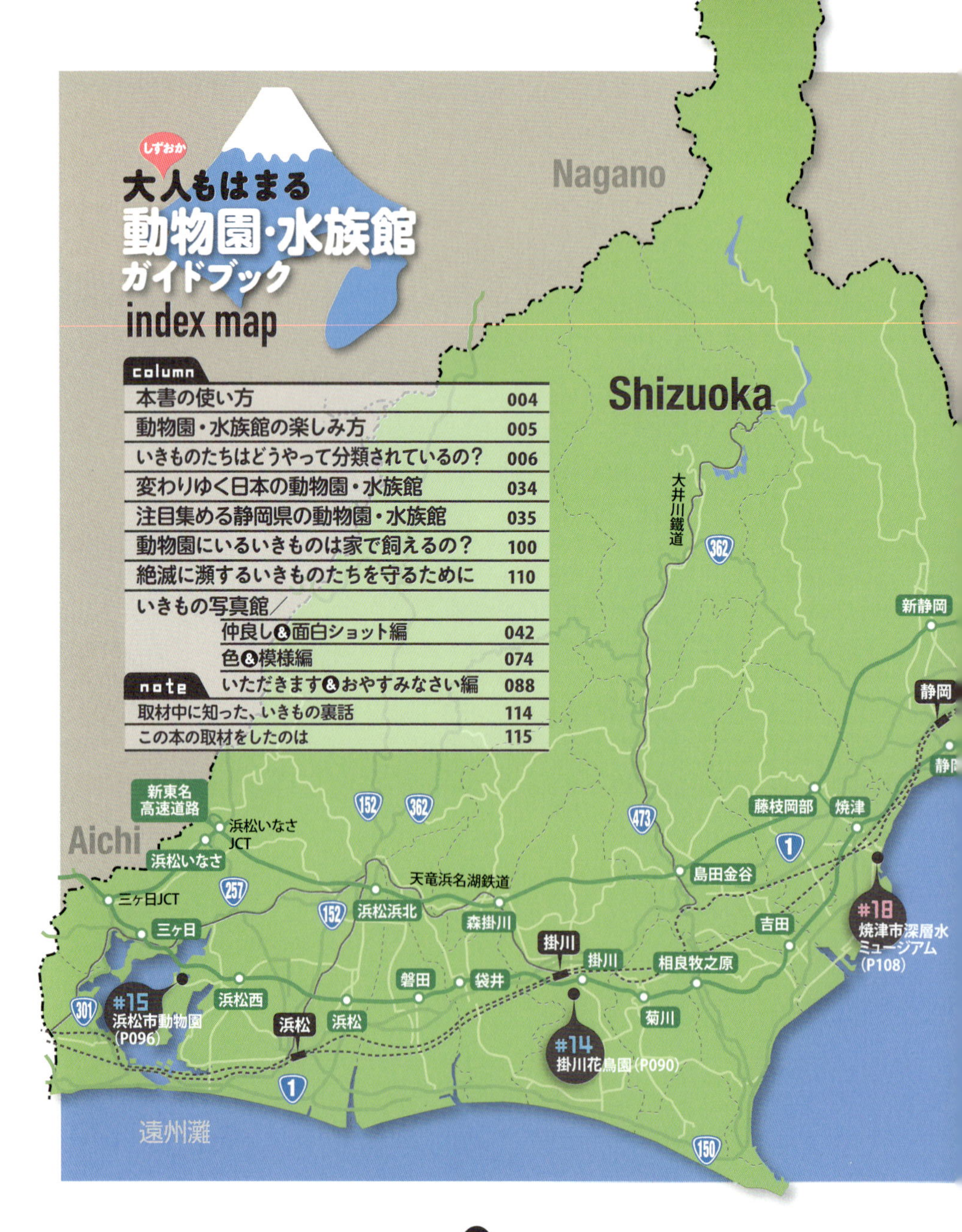
しずおか
大人もはまる
動物園・水族館
ガイドブック
index map

Nagano
Shizuoka
Aichi
大井川鐵道
362
新静岡
静岡
新東名高速道路
浜松いなさJCT
浜松いなさ
152
362
473
藤枝岡部
焼津
1
島田金谷
天竜浜名湖鉄道
257
三ヶ日JCT
浜松浜北
森掛川
吉田
三ヶ日
152
掛川
掛川
相良牧之原
#18
焼津市深層水ミュージアム
(P108)
磐田
袋井
浜松西
301
#15
浜松市動物園
(P096)
浜松
浜松
菊川
#14
掛川花鳥園（P090）
1
遠州灘
150

Yamanashi
Kanagawa
N
#11
富士花鳥園(P070)
#10
富士サファリパーク
(P064)
東名
高速道路
御殿場
御殿場JCT
身延線
新富士
富士
新富士
裾野
御殿場線
長泉沼津
沼津
三島
新清水
東海道線・
新幹線
#09
楽寿園(P062)
新清水JCT
清水いはら
熱海
清水JCT
#13
東海大学
海洋科学博物館
(P082)
清水
#08
沼津港深海水族館
(P056)
#07
あわしまマリン
パーク(P050)
伊豆箱根駿豆線
伊豆急行線
相模灘
修善寺
#12
静岡市立
日本平動物園
(P076)
#16
駿河湾
深海生物館
(P102)
#06
伊豆三津シーパラダイス
(P044)
#05
伊豆シャボテン公園(P036)
駿河湾
#03
伊豆アニマルキングダム(P022)
#04
熱川バナナワニ園
(P028)
#17
雲見くじら館(P106)
#02
体感型動物園 iZoo(P016)
伊豆急下田
#01
下田海中水族館
(P010)

本書の使い方

本書は、大人も楽しめる動物園・水族館をコンセプトに県内18施設を紹介したガイドブックです。各施設の見どころはもちろん、園内・館内を効率よく満喫できる「あるきのポイント」や今まで見逃していた珍しいいきものたち、手に入れたいグッズやお土産品などもぜひチェックしましょう。

あるきのポイント

施設をどう回れば楽しめるかをアドバイス。ショーの時間帯などあらかじめ確認して回るとより一層楽しめそう。

アイコン

マニア向け
他の施設にはいないいきものが展示されている

学習向け
標本展示や体験型の学習装置などが備わった施設

ファミリー
家族連れでも楽しめるショーやメニューなどがある

ふれあい
いきものと直接ふれあえる場所がある

ごはんあげ
いきものたちにエサやりなどを体験できる

全天候
雨が降っても楽しめる屋内展示が中心の施設

まわりやすい
施設がコンパクトにできていてまわりやすい

広面積
広大な敷地でいきものたちを展示している施設

アクセス良好
東名高速・新東名高速のICまたは鉄道駅から比較的短時間で行ける施設

はしごのすすめ

せっかく遠出したなら、1カ所だけでなく、複数の施設を巡りたい。そんな人のために近くの動物園や水族館を紹介。

※掲載したデータは2015年3月時点のものです（料金は消費税８％込み）。開園・開館時間や休園・休館日、イベント情報、展示内容など変更があった場合はご了承ください。

動物園・水族館の楽しみ方

Point1

活発な様子をみるなら午前中!!

動物園は朝から行くのがおすすめです。鳥や草食動物などのいきものたちは、朝多く食事をします。朝の時間帯は寝ている動物が一番少ないかもしれません。活発な様子を見たいなら、少なくとも午前中に園内へIN！

Point2

動物園は雨の日も狙い目!?

雨だからといってやめてしまうのはもったいない！実は雨の日は、動物園・水族館に行くチャンス。いつも混んでいる動物園でも、比較的お客さんが少なく、ゆっくりじっくり見学できるからです。水族館も屋外ショーは中止になることがありますが、じっくりと魚たちを観察できます。

Point3

寒くてもちょっとガマン

暑い時期よりも寒い時期に活発になるいきものも多くいます。本来夜行性の肉食動物などは、夕方ごろが活動し始める時間。食べ物もたくさん食べるし、夏に比べて運動量も増えます。食事時間は閉園間際が多いので、寒いからといって早く帰ってしまうと見逃してしまうかも。反対に、爬虫（はちゅう）類や昆虫類は暑い時期のほうがより活発になります。寒い時期になると部屋がヒーターで暖められているので寒いときの休憩場所にもなります。

Point4

気持ち悪がらずふれあってみよう

近頃動物園だけでなく水族館でも「ふれあい」が重視されています。魚類や甲殻類、はたまたヒトデやウニなどの棘皮類も安全なものを触ることができます。触ってみると意外と硬かったり、柔らかかったりといきものたちがより身近になります。ただし、デリケートないきものが多いので、マナーを守って臨みましょう。

古い角質を取り除いてくれるガラルファとのお得なふれあい（無料）／下田海中水族館

びっくりするほど気持ちのよい触り心地のウミウシの仲間、タツナミガイ（展示は時期による）／あわしまマリンパーク

いきものたちはどうやって分類されているの？

分類とは住所のようなもの

〇〇目や〇〇綱、〇〇科とは、いきものを仲間分けする上で住所のようなもの。住所が「県」「市」「町」と細かくなるように動植物にも分け方があります。動物園で、いきものの近くにある案内板を見たことがありますか？そこには、いきものの名前と一緒に「〇〇目〇〇科」などと書いてあります。これは、そのいきものの分類を簡単に説明したものです。

「ネコ科」「イヌ科」などと聞いたことがあるかもしれませんが、それよりも大まかな分け方も、細かい分け方もあります。私たちヒトを分類学でいうと、動物界脊索動物門哺乳綱サル目ヒト科ヒト族ヒト属ヒトとなります。

分類に注意していきものを観察すると、意外な関係が見つかるかもしれません。決め方は歯や爪の違いなど、いきものによってさまざま。研究している人によって変わってしまうことも。「分類学」とは、日々変わっていく分野なのです。興味がわいたら、研究を深めて楽しみを広げましょう。

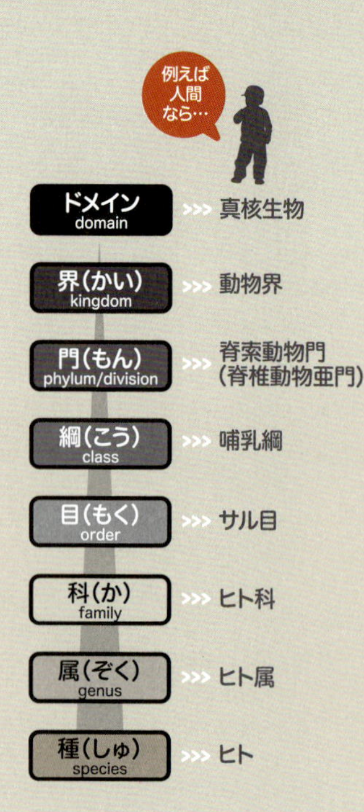

姿かたちや食べるものが似ていても、仲間とは限らない？

たとえば…

祖先や進化の仕方が違っても、同じような環境に住んでいたり、同じようなものを食べることによって、そっくりな特徴を持つようになったいきものたちがいます。こういった関係のことを「収斂進化（しゅうれんしんか）」といいます。

ヨツユビハリネズミ
（日本平動物園）

ハリネズミ目（食虫目とも）。ミミズなど主に地中のいきものを食べる。ヨーロッパ、中近東、アジア、アフリカに生息する。

タテガミヤマアラシ
（富士サファリパーク）

ネズミ目（齧歯目〔げっしもく〕とも）。主に堅い植物を食べる。アフリカとアジアの一部に生息する。

ハリモグラ
（沼津港深海水族館）

カモノハシ目（単孔目とも）。アリやシロアリを食べる。オーストラリアに生息する。

背中にたくさんの針をもつこの3種は、近い仲間のように勘違いされがちですが、「目（もく）」レベルで全く違ういきものです。別の祖先から、別の環境で、“たまたま”針状の毛をもつようになった種が生き残ったという共通点があるだけです。哺乳類における針はすごい発明だったんですね。

収斂進化は、どんなレベル同士の間にもあり得ます。見つけてみてください。

column

どうぶつかい
動物界

なんたいどうぶつもん
軟体動物門

ふくそくこう
腹足綱

とうそくこう
頭足綱

りょうせいこう
両生綱

目(もく)を「め」と読まないように注意!!

こうさいもく
後鰓目

ウミウシの仲間

ゆうはいもく
有肺目

ナメクジやカタツムリの仲間

こういかもく
コウイカ目

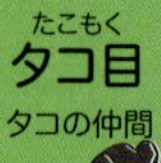

イカの仲間

たこもく
タコ目

タコの仲間

ゆうびもく
有尾目

イモリやサンショウウオの仲間

むびもく
無尾目

カエルの仲間

アザラシ科

ぞく
属

ゴマフアザラシ属

アゴヒゲアザラシ属

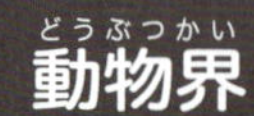

しゅ
種

すんでいるところや、特徴など詳しい情報が名前についていることが多い

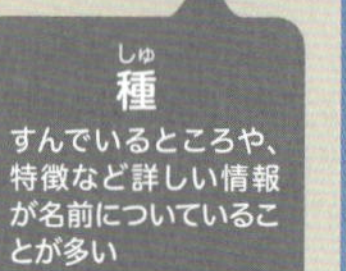

バイカルアザラシ

ゴマフアザラシ

アゴヒゲアザラシ

おぼえておこう!

るい
「類」はどこのレベルにも使える、とても便利な言葉!

例）軟体動物類（なんたいどうぶつるい）・両生類（りょうせいるい）・シカ類（るい）など

すべてのいきものは、細かい方法で仲間分けされています。こうすることで、そのいきものに似た仲間の関係がわかりやすくなるのです。

いきものたちはどうやって分類されているの？

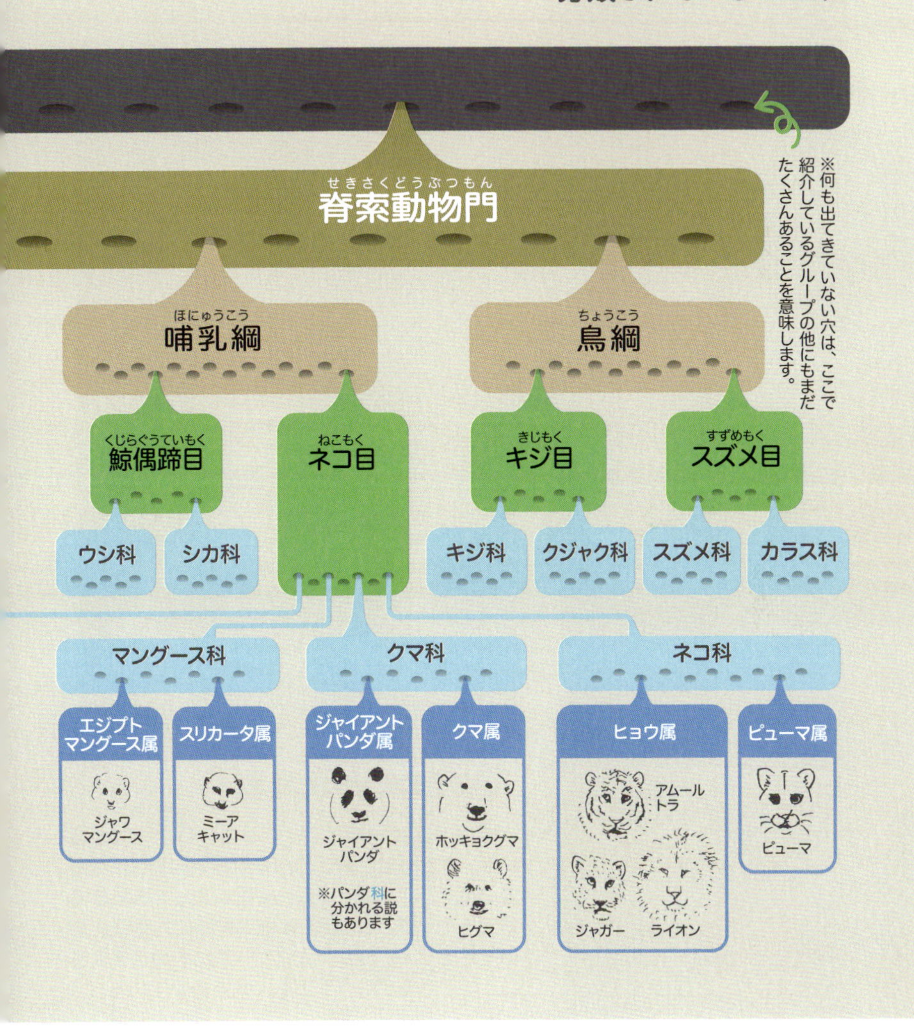

下田海中水族館

しもだかいちゅうすいぞくかん

静岡県下田市 ›››

DATA ⇒P015

マニア向け　学習向け　ファミリー　ふれあい　ごはんあげ　全天候　まわりやすい　広面積　アクセス良好

1. カリフォルニアアシカ
2. ペリー号大水槽
3. イズハナトラザメ
4. フンボルトペンギン
5. 入り江の形を生かした水族館

入り江の中の水族館

　県内には駿河湾とつながっている水族館が多いが、中でも最も海との密着度が高い施設。入り江の形をそのまま利用し、桟橋を渡って観覧する方法をとっている。伊豆半島の自然にも興味が湧いてきそう。イルカが泳ぐビーチにそのまま入ることができるプログラムも人気を集めている。

みのがせない!!

A オオセ

上からみると平べったくてエイのようだが、側面にエラがあることからサメに分類されている。口のまわりについたヒダが特徴。

B 蔓脚類の仲間

蔓脚類（まんきゃくるい、またはつるあしるい）と呼ばれる仲間で、有名なものにはフジツボがいる。海中では腕をいっぱいに広げ、エサをとる様子がわかる。

下田海中水族館あるきのポイント

連続して見られるショーの数々

終日平均15～20分ほど間隔をあけて6カ所でイベントが行われているので、連続してショーを見られるのが特徴。到着時間と興味のあるショーによってその日のコースが決まる。水槽のいきものたちはそのあとゆっくり楽しもう。

EVENT

世界初の水中アシカショー

アシカといえば、輪投げや逆立ちなどの“曲芸”を得意とするが、ここでみられるショーはひと味違う。トレーナーと一緒に潜水する、世界初の“水中ショー”だ。トレーナーを支えて、ともに回りながら潜水したり浮上したり、水中からこちらに胸ビレを動かしたりとさまざまなアシカの姿を楽しめる。

陸上でも器用に活動するアシカだが、水中での動きはさらに無駄がなく美しい。座席に余裕があれば、舞台の手前側が見えるところに移動してもいい。空中をジャンプする技をもつアシカも他ではなかなかみられない。

海の生物館シーパレス

ごく周辺に限られた、まさに「ご当地」のいきものが集められている。各水槽は「藻場」「砂場」などそれぞれの環境を切り取り、再現している。

キンメダイ

伊豆を代表する名産のキンメダイが常時展示されている。各地の深海に生息するが、下田港の水揚げ量は日本一だ。近年ではブランド価値も高まっている。キンメダイをみられる水族館は多くない。食卓に並んだ真っ赤な姿が印象的だが、生きているときは淡い色をしていることがわかる。名前の由来にもなったギラギラと輝く“金の目”は、暗所で少ない光を集めるために発達したタペータムと呼ばれる反射板のようなもので、ネコももっている。目が合うほど観察しよう。

イズハナトラザメ

このイズハナトラザメは、伊豆周辺に生息する固有のサメである。体長は小さいが、細かくて美しい模様が特徴的な種だ。下田海中水族館はこのサメをほぼいつでもみることができる数少ない水族館である。継続的に繁殖にも成功しており、ひものついた袋状になっている特徴的なタマゴも展示されていることが多い。

学名を*Scyliorhinustokubee*という。“tokubee”は発見者である漁師の船の名前が由来。1992年に新種登録されたばかりだ。

クラリウム

数種のクラゲを常にみることができる。クラゲのための建物があるのは県内でここだけ。ヒーリングミュージックが流れる暗い部屋で、クラゲのゆっくりとした拍動を眺めて癒やされよう。

魚ぎょラボバックヤードツアー

水族館の裏側「魚ぎょラボ」を体験できるツアーが毎週土曜日開催されている。治療中・繁殖中などの理由で展示されていない生物の見学・解説を受けられるほか、シーパレス内の水槽を上から見学できる（1人500円）。

しらす丼
1,190円
港に近い水族館だから食べられる、新鮮なしらす丼。ボリュームたっぷり！

金目鯛のクリームパスタ 1,340円
キンメダイ日本一の漁獲高を誇る下田ならではのメニュー！濃厚なクリームと白身魚の絶妙なハーモニー

イルカをみながら

シーサイドレストラン The Dish

水族館側に軽食を食べられるところもあるが、イルカのいる海を眺めながら食事ができるレストランがおすすめ。入館口・ギフトショップに併設されている。本格海鮮丼やキンメダイを使ったメニューも食べられる。

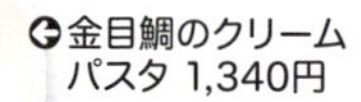

売店

売り場面積は地域最大級。大人向け商品も幅広い。

イルカのハンドベル
2,376円
イルカの形のハンドベル。アンティーク風でインテリアとしても素敵

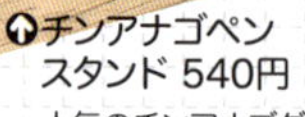

チンアナゴペンスタンド 540円
人気のチンアナゴグッズ！机の上にペンとチンアナゴが並ぶ

深海魚シルキーマグカップ 540円
スタイリッシュでミステリアスな深海魚のマグカップ

チョコ餅
648円
チョコをお餅でくるんだスイーツ。柔らかくてやさしい味

オリジナルクッキー 367円
ここでしか手に入らないので、お土産に最適

ドルフィンチョコロール 630円
パッケージが美しい、チョコロールのお菓子

スイートクッキー
496円
パッケージに特徴的な水族館の全景が描かれている

下田海中水族館

●開館／1967年 ●面積／26,500㎡

大水槽は「ペリー号」と呼ばれる施設にある。世界初の海に浮かぶ水族館である。1853年下田市に開国を求めてきたペリー提督にちなむ。水族館の周囲にはペリーロードや了仙寺など歴史的観光地が多い。

〒415-0023
下田市3丁目22-31
☎0558-22-3567

●開館時間／9:00〜16:30
(2〜10月の土日祝日、春休み、
GWは17:00まで、
夏休みは8:30〜17:30)
●休館日／12月に4日間のみ

●大人／2,000円
●子供／1,000円

●伊豆急下田駅より定期バスで7分
あるいはタクシーで5分
また徒歩で25分
●無料駐車場あり

●イルカとのふれあいプログラム

入り江のビーチを自由に泳ぐ9頭のハンドウイルカとのふれあいイベントは大人気。桟橋から触る・エサをやる「ドルフィンフィーディング」、腰までビーチに入り近付ける「ドルフィンビーチ」、ウェットスーツなど着用して泳ぎながらふれあう「うきうきドルフィン」、スノーケルをつけてふれあう「ドルフィンスノーケル」など、お手軽なものから本格的なものまで、さまざまな段階のプログラムが通年開催されている。グループに合わせ好きな方法を選ぼう。また彼らのうちの一部は「海上ステージのイルカショー」にも登場する。

#02 iZoo ⇒ P016
国道135号を25分

体感型動物園 iZoo

たいかんがたどうぶつえん いずー

静岡県賀茂郡 ›››

DATA ⇒P021

マニア向け

学習向け

ファミリー

ふれあい

ごはんあげ

全天候

まわりやすい

広面積

アクセス良好

五感でフルに“体感”しよう

日本初“体感型動物園”を掲げ、視覚はもちろん、触覚、聴覚、嗅覚、味覚にまでさまざまな刺激を与えてくれる。展示内容は爬虫類に特化し、他の動物園にはない異彩を放っている。

1.グリーンパイソン
2.レッサーアンティルイグアナ
3.アルダブラゾウガメ
4.ノギハラバシリスク
5.デレマカメレオン
6.ブルスネーク
7.コノハカメレオン

実は、世界一珍しく貴重なトカゲ！

ミミナシオオトカゲ科ミミナシオオトカゲ属ただ1種類のトカゲ。2014年12月に世界で初めて飼育下での繁殖に成功した。ヘビに似た特徴が多く、1億年以上前ヘビとトカゲが分岐し始めた頃から姿が変わっていないとも言われている。通常のトカゲには耳の孔があいているのに、名前の通りミミナシトカゲにはない。

学術的に超貴重であることはもちろん、発見された数も非常に少なく、長い間「幻のトカゲ」と言われてきた。世界中でもここだけでしか見られない。もしコケの中に潜っていても、あきらめてしまうのはもったいないので、再入園しよう。

一つ一つの展示スペースをじっくり、見よう。探そう

iZooあるきのポイント

iZooの展示内容は毎日のように変わるため、園内マップは用意されていない。

展示スペースには、必ず案内板に書かれていないいきものが混じっているという。床面や植物の裏だけではなく、壁面にも爬虫類が歩ける素材を使っているので、あっと驚くところにいるはずだ。展示スペースだけでなく、園内で放し飼いになっているいきものもいるので探してみよう。爬虫類には擬態を得意とするものも多い。発見したら自慢できるはず。

←カメレオンが隠れている

ヤモリの仲間は壁に張り付くのが得意

パラシュートゲッコー

カメレース

古より続く伝統芸

iZooの前身からおなじみのカメレース。池や岩などカメには誘惑の多いコースを、スタート時の位置や元気のよさ、またはイシガメかクサガメかなどで判断しベット。馬券ならぬカメ券は無料で配られている。1位のカメを選んでいたら景品がもらえる。飼育スタッフによるレース実況も名物の一つだ。※冬期（11月〜3月）はカメレースはお休み

思ったより、触れるコーナー

比較的温厚な爬虫類や両生類が集まる。小さなものはカエル、ヤモリやトカゲ、大きなニシキヘビ、さらにワニの赤ちゃんまで、びっくりするようないきものも“さわり体験”できる。子どもでも、爬虫類が苦手な人でも、初めて爬虫類を触る人でも、スタッフが優しく教えながら持たせてくれるので、安心。

DANGER DANGER DANGER DANGER DANGER DANGER

麗しの毒ヘビゾーン

iZooにしかいないヘビばかりがそろう「毒ヘビゾーン」。天井も壁も透明で、さまざまな角度から観察できるケースが立ち並ぶ展示場は、ジュエリーショップをイメージしているという。毒ヘビには宝石顔負けの美しい種も多いのだ。

ツノスナクサリヘビ

ヌママムシ

シンリンガラガラ

アルビノタイゴブラ

ヘビは噛んで毒を注入するものばかりではなく、毒を噴射する種類もいる。空気孔のあいた壁を二枚重ね、孔をずらすことで、見ている人に毒がかからないように工夫されている。

激レア・イグアナコレクション

イグアナといえば、グリーンイグアナしか見たことがない人も多いだろう。ここでは、ヒロオビフィジーイグアナ、キューバイワイグアナ、レッサーアンティルイグアナなど、日本中どこにもいないイグアナたちがそろう。他では到底味わえない、イグアナ類の多様性を実感しよう。

ヒロオビフィジーイグアナ

フィジーの国宝。背中に帯状の模様をもつ。世界一美しいイグアナ

キューバイワイグアナ

岩場に暮らす大型のイグアナ。10頭以上展示されている

レッサーアンティルイグアナ

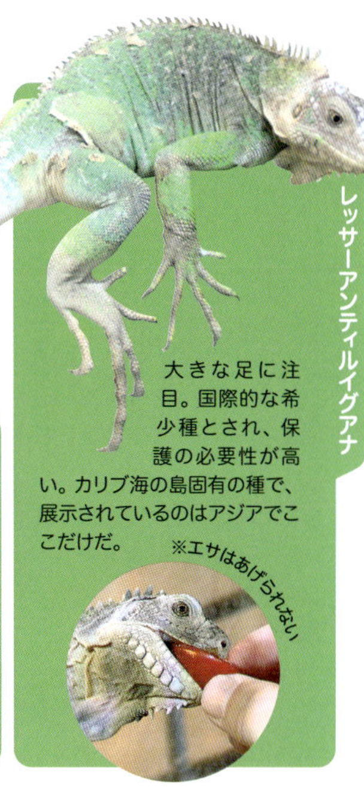

大きな足に注目。国際的な希少種とされ、保護の必要性が高い。カリブ海の島固有の種で、展示されているのはアジアでここだけだ。

※エサはあげられない

マニアックな、"それ以外"

あくまでもメインは爬虫類だが、目立たずひっそりと暮らす哺乳類や鳥類も観察できる。蟲（むし）コーナーは、以前毒ヘビコーナーの隅に展開していたが、見たい人だけが見られるようにと特設のスペースに移動。見たくない人を置きざりにして楽しめる。

見たい人だけ覗きにいこう…

国産のアリの展示は工夫がいっぱい。蓋のないケースでもアリが逃げないのは、ベビーパウダーと水の堀のおかげ。園長曰く「いきものと同じ空気を吸ってほしい」という思いで展示も造られている。

コダママイマイ
世界一美しいとされるカタツムリ。植物の葉にできたカビを食べる

ドミノローチ
丸さとポップな模様がかわいいゴキブリの一種

ハダカデバネズミは県内でここだけだ。アリやハチのような女王制の群れ社会を築く

体感型動物園 iZoo #02

クロコダイル カレーリッチ ➔ 580円

クロコダイルが入ったカレーを家庭で楽しめる。リッチでダンディーな大人の味

ワニ肉を味わおう

相模湾を臨む DRAGON Lunch

園内でゾウガメ牧場を眺めながら普段食べることのできない料理を食べてみよう

ワニ&チップス 850円

フィッシュ&チップスならぬ、ワニ&チップス。ワニ肉とフライドポテトのコンビはビールにぴったり

国内外からそろえられた爬虫類の専門書・飼育書もずらり

Jungle Gift

爬虫類やそれに準ずるマニアック生物のグッズが数多くそろう

フィジーイグアナのカスタードパイ 大1,080円・小540円

おいしくてかわいいお菓子。iZooらしさもあり、お土産にちょうどいい

WOOD TURTLE 3,830円

オーストラリアのぬいぐるみブランド「HANSA」製のカメ。リアルなぬいぐるみは大人の部屋にも似合う

フィジーイグアナのぬいぐるみ 1,200円 ➔

かわいいけれど、こだわりが見えるぬいぐるみ。特徴的な青色の帯が再現されている

エボシカメレオンのネクタイ 3,320円

よくみるとカメレオン柄のネクタイ。「はずす」オシャレにぴったり!

施設情報

体感型動物園 iZoo

●開園／2012年 ●面積／20,495㎡

1986年から26年間カメ専門テーマパークとして営業していたが、2012年にリニューアルオープンした。

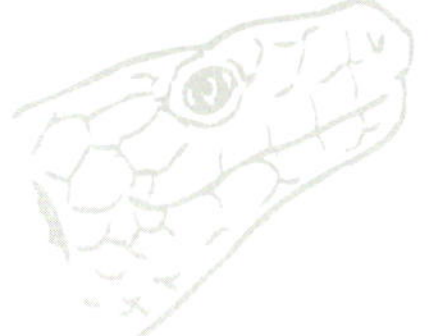

〒413-0513
賀茂郡河津町浜406-2
☎0558-34-0003

●開園時間／9:00～17:00
（最終入園16:30）
●休園日／年中無休

入園料

●大人（中学生以上）／1,500円
●子供（小学生）／800円
●幼児（6歳未満）／無料
※15名以上で団体割引あり
※シルバー割引（70歳以上）1,300円

交通情報

●伊豆急行「河津駅」よりタクシーで5分
●無料駐車場完備

イベント情報

●**カメレース（参加無料）**
〈平日〉11:00、14:00
〈土・日・祝〉11:00、13:00、15:00
※冬期（11月～3月）はカメが冬眠のためレースはお休み

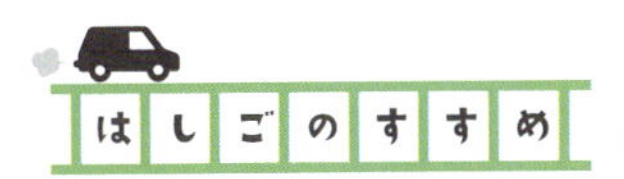

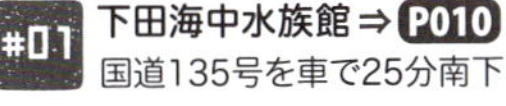

下田海中水族館 ⇒ P010
国道135号を車で25分南下

伊豆アニマルキングダム

いずあにまるきんぐだむ

賀茂郡東伊豆町 ›››

DATA ⇒P027

マニア向け　学習向け　ファミリー　ふれあい　ごはんあげ　全天候　まわりやすい　広面積　アクセス良好

より近くで見られるようになった“アニキン”

草食動物が中心だった伊豆バイオパークから、2010年猛獣の仲間がプラスされリニューアル。新しい園の目玉は白い猛獣たちだ。ベンガルトラとライオンの白変種がいる。彼らを見ながら食事できるレストランも絶対に押さえたいスポット。

バイオパーク時代はバスからいきものたちを見るスタイルだったサファリゾーンも周囲を歩いて見学するスタイルに変わり、より近くで見られるようになった。小動物も種類が豊富で、ふれあえる・エサをあげられるいきものは県内トップクラスで、まさに小さなものから大きなものまで楽しめる園だ。

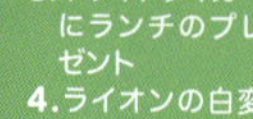
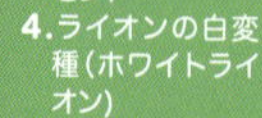

1.ベンガルトラの白変種（ホワイトタイガー）
2.ホワイトタイガー幼獣
3.ホワイトタイガーにランチのプレゼント
4.ライオンの白変種（ホワイトライオン）

伊豆アニマルキングダムあるきのポイント

スリリングな座席を狙うなら午前中にチェック

猛獣レストランで食事をしたければ、午前中に一通りその一帯をチェックしておこう。外からも見学できるが、よりスリリングな座席が狙えるかも。午後から夕方にかけてゆっくり草食動物ウォッチングや小動物とのふれあいを楽しみ、帰り道にまた猛獣を見るのもいい。

みのがせない!!

A ヤクシカ

屋久島に生息する。ニホンジカの中で最も小型の亜種で、シカ類最大の特徴であるツノは小さく枝分かれが少ない。四肢も短く、顔もかわいらしい印象だ。

B シロオリックス

ゆるやかなカーブのツノは、よくサーベルに例えられる。砂漠の生活に適応したウシの仲間で、県内でみられるのは、ここだけ。

EVENT

園内ではミナミシロサイのタッチイベントが行われている。本来なら巨大で危険ないきものだが、ここでは国内2番目に高齢のおとなしいサイが活躍している。

ウォーキングサファリ

車でまわるのではなく、自分の足、自分のペースだから、より楽しめる。随所にエサ売り場があるので、小銭を用意するのがおすすめ。下からエサをねだって見上げる草食動物は、小さなものも大きなものも愛嬌がある。
こちらをまっすぐ見てくれる瞬間がシャッターチャンスだ。

伊豆アニマルキングダム #03

猛獣エキサイティングランチ

毎日11時30分からホワイトタイガー、13時30分からライオンにエサを与えることができる（500円）。ストッパーのついたスティックなので引き込まれることはなく安心。特設スペースに入ると、すぐ近くに柵を1枚隔てただけのトラに会える。展示場やレストランはガラス張りなので、迫力ある雰囲気を味わえるチャンスだ。

ヒヅメのあるいきものたち

一口に草食動物といっても、さまざまな仲間がいるのをご存知だろうか。総じてヒヅメのあるものとして、有蹄類（ゆうているい）とも呼ばれる。キリン、ゾウ、ウシ、ヒツジ、シカ、ウマ、サイなどがその仲間だ。ここでは彼らが一緒に暮らす。区切りはあっても、柵はないので同じ場所にいるように錯覚する。また彼らの中には、バイオパーク時代からの人気者も多い。アフリカゾウは開園時からいる長老だ。

必見　ミナミコアリクイの家族は、ふれあい広場の中では新入り。木登りや綱渡りのできる立体的な展示で人気を集めている。こどもが小さい時はおんぶ姿も見られる。

自由度の高い“ふれあい広場”

決してよくある「ふれあいコーナー」ではない。ペットや家畜として一般に知られるいきものに加え、カピバラ、マーラ、ミナミコアリクイ、マタコミツオビアルマジロなど、そうそうたるメンバーがそろう。どれも他の動物園では到底触れないものばかり。入場は別料金（100円）だが、納得の値段だ。

基本的には放し飼いなので、異色のペアを見られることも。猛獣たちの迫力に圧倒されたら、ここで癒やされよう。

ハリネズミ

その名の通り毛が変化したハリに覆われている。やさしく触れば痛くない。丸くなって寝ていたらそっとしておいてあげよう。

マーラ

南米の大きなモルモットの仲間。成獣になると警戒心が増すが、こどもの頃は近づきすぎて写真が撮れないほどヒトに興味津々だ。

ミナミコアリクイ

手を伸ばせば触れるところにいる。歯はほとんど発達していないが、するどい爪にだけは気をつけよう。

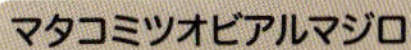

マタコミツオビアルマジロ

実は数少ない“まるまること”ができるアルマジロだ。完全な球体になるところは、スタッフに頼めば見られる。

猛獣をみすぎて料理が冷めないように!!

魅惑の風景
レストラン アニマルキングダム

ライオン側かトラ側かを選ぶことができるが、いずれにしても窓際がおすすめ。混雑時は避けたいが、席の間はゆったりしているので、席をとれなくても撮影などできる。

明太子スパゲティ 972円
レストランおすすめメニュー！明太子の辛みがきいている

サファリカレー 1,058円
人気メニューのカレー。サファリを感じるスパイシーさ！

お子様ランチ 864円
ハンバーグはゾウのかたち

売店

ホワイトタイガーランチボックス 648円
※クッキー入り
中のクッキーを食べ終わった後に、ランチボックスとしても使えるパッケージ。一度で二度おいしい。

ミナミコアリクイ M 2,160円
実物が本当にかわいいミナミコアリクイのぬいぐるみ

なりきりカチューシャ 1,404円
この王国ではこれ！みんなでつけて思い出を残そう

ホワイトタイガーミルクチョコクランチ 540円
定番のお菓子、チョコクランチ！職場へのお土産にちょうどよい

ホワイトタイガー M 2,484円
ここに来たならホワイトタイガーを持って帰らなくては！小脇にかかえるのにちょうどいいMサイズ

施設情報

伊豆アニマルキングダム

●開園／1977年 ●面積／398,000㎡

東京ドーム約8.5個分の面積を有する。ウォーキングサファリで分断されているおかげで、広さや見晴らしの良さの割にはかなり観覧しやすい。本書ではアニマルゾーンしか取り上げなかったが、他に各種アトラクションのある“プレイゾーン”やゴルフなどを楽しめる“スポーツゾーン”もある。ジュラ紀・白亜紀を再現した屋外アトラクション“恐竜が棲む森”もいきもの好きならおすすめ。

〒413-0411
賀茂郡東伊豆町稲取3344
☎0557-95-3535

●開園時間／
9:00～17:00(4/1～9/30)
9:00～16:00(10/1～3/31)
●休園日／施設点検のため6月下旬と12月中旬に各３日間

入園料

●大人／2,200円
●子供(4才以上)／1,100円
●シルバー(65歳以上)／2,000円
●年間パス／大人5,500円、子供3,000円 ※わくわくふれあい広場の入園もフリーになる。

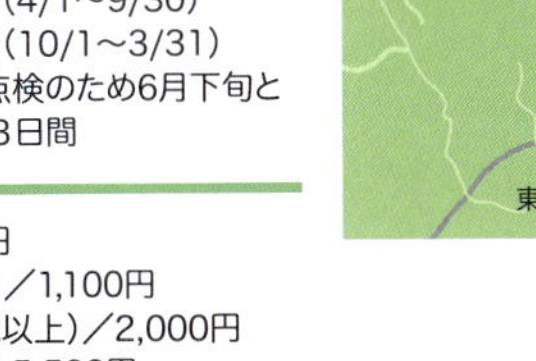

交通情報

●伊豆急行線「伊豆稲取駅」よりバスで約10分

イベント情報

記念日などには、事前に連絡をすればスタッフによるサプライズあり。

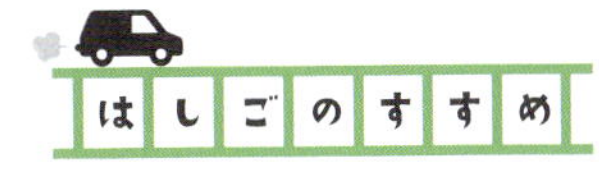

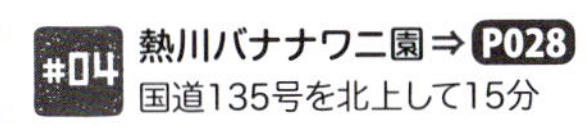

#04 熱川バナナワニ園⇒P028
国道135号を北上して15分

熱川バナナワニ園

あたがわばななわにえん

静岡県賀茂郡東伊豆町 ›››

DATA ⇒P033

マニア向け　学習向け　ファミリー　ふれあい　ごはんあげ　全天候　まわりやすい　広面積　アクセス良好

ワニに特化した動物園

現在、世界的にも貴重なワニ17種を飼育し、繁殖も継続的に成功している。園内はワニだけではなく、レッサーパンダやマナティーなどの哺乳類もみることができる。

本園はワニ園と植物園のほか分園と3園に分かれている。本園から分園への往復は、2〜3分間無料シャトルバスに乗って移動する。貴重ないきものを見るにはすべて網羅する必要がある。

1.ミシシッピーワニ
2.クチヒロカイマン
3.マレーガビアル　4.ヨウスコウワニ

激レア

みのがせない!!

A アルビノのイリエワニ

ただでさえ国内でたった3カ所の動物園にしかいないイリエワニ。そのアルビノ個体※となれば、世界的にも類を見ない展示。顔は特に白い。

※遺伝子情報の欠乏により先天的に色素をもたない個体のこと

B アフリカクチナガワニ

すこぶる長い吻先（ふんさき）。クロコダイル科の中では、幅に対して最も吻先の長さが長い。アフリカ大陸に広く生息するが、動物園で見られるのは珍しい。

歯が落ちている!?

種類にもよるが、ワニの歯は一生で1500本ほど生えるという。まるでロケット鉛筆のように、今生えている歯の下に新しい歯が待機している。ワニの放飼場にはきれいな白い歯が落ちていることがあるので、見つけてみよう。

熱川バナナワニ園あるきのポイント

3園それぞれのエサやり時間をチェック

ワニ園・植物園・分園どこからでも見られる。アマゾンマナティーとレッサーパンダは、エサやりの時間を押さえたい。マナティーは9時・11時・15時。レッサーパンダは9時・15時。ワニのエサやりは日曜日の13時から（夏期は水曜日も）。

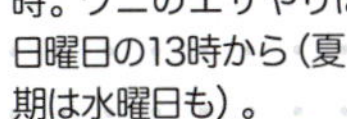

アマゾンマナティー こんなにかわいい口で野菜を食む

熱川バナナワニ園
#04

写真提供／熱川バナナワニ園

名物「立ちワニ」クチヒロカイマン

他のワニと違い、水槽になっている放飼場なので横から水の中の様子がわかる。通称「立ちワニ」の姿は人気の撮影ポイント。

ここでは継続的にクチヒロカイマンの繁殖に成功している。2歳を迎えるまでバックヤードで大切に育てられるため非公開。写真は、貴重な孵化した瞬間。

巨大なマチカネワニとマレーガビアル

大阪府で発掘された古代ワニの標本のレプリカ（実物大）を見ることができる。全長8m。80万年前には日本にこんなにも巨大なワニがいたのである。頭骨の特徴から、現存するワニで最も近いとされるのがマレーガビアル。ここでは実物が見られる。長細い吻が特徴で、最大で5mになる。

ウサギのように跳ぶ!?オーストラリアワニ

前肢に比べ、後肢が長い。その動きも特徴的で、ウサギ跳びのような足の運びをすることで、俊敏に動ける。これは最大級のイリエワニと生息域をともにしてきたことで生き抜くための戦略だと考えられている。

ワニだけじゃない!! バナナワニ園

植物園のアマゾンマナティー、分園のニシレッサーパンダは、いずれも日本中でここにしかいない珍獣だ。本園だけ見て帰ってしまわないよう要注意!!

ニシレッサーパンダ

日本の動物園にはよくいるシセンレッサーパンダとは別の亜種とされる。シセンレッサーパンダが中国に生息するのに対し、ニシレッサーパンダはネパール系である。中国系に比べ、からだが小さく、毛の色が少し白っぽい。

アマゾンマナティー

海に暮らす哺乳類では珍しく、草食動物。ここでも野菜を食べる姿を見ることができる。マナティーは海牛（カイギュウ）類に分類されるが、その姿はやはりどこかウシに似ている。

コロソマとピラルク

アマゾン川に生息する巨大魚が飼育されている。ピラルクは淡水魚としては世界最大級。成長した個体は体の後ろ半分が赤くなってくる。コロソマの名前の由来は「短い体」。その通りのずんぐりむっくり体型だが、1mを超えるので相当巨大な魚に映るはずだ。

熱川バナナワニ園
#04

本園
ジューススタンド

バナナはもちろん他の南国のフルーツを味わえる生ジュースが名物。軽食も。

バナナソフト 350円
食べごたえのあるソフトクリーム。クセになる、さわやかな甘み

バナナジュース 350円
甘くてヘルシーなバナナジュース。濃厚なバナナの味が楽しめる

バナナカレー 650円
バナナの天ぷらがのっている。カレーは大人向けの辛口で、不思議議と合う

売店

本園・分園・植物園それぞれにおみやげショップがある。ワニグッズの品ぞろえはおそらく日本一。

ピラルク大 1,852円
アマゾン川に生息する世界最大の淡水魚ピラルク。こんなぬいぐるみ、なかなかない

ふわふわワニMサイズ 1,296円
本物のワニと違って、こちらは白くてふわふわ。ベッドのお供に

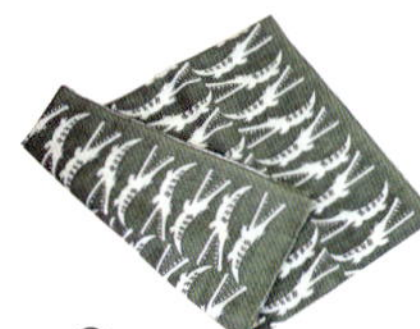

ワニてぬぐい 864円
一見迷彩柄のような手ぬぐいだが、よく見るとワニ! 渋いグリーンがおしゃれ

ミラクルフルーツタブレット 324円
すっぱいものが甘く感じることで有名なミラクルフルーツのタブレット。個包装で持ち運び可能なので、パーティーや飲み会でのちょっとしたネタ用に

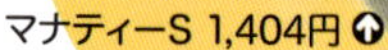

マナティーS 1,404円
ぬいぐるみ部門1位!人気海獣マナティーのぬいぐるみ。大きな顔がかわいい

コラム

人に言いたくなるワニの口にまつわる秘密

❶のどの奥が見えない。ピッタリと蓋をされるおかげで、器官に水が入り込まない。
❷口を開ける力は30kg。ただし閉じる力は1トン。
❸絵的に口を開けているワニはカッコイイ。そんな写真が撮りたければ夏場がおすすめ。体温調整のため、体内の熱を放出する目的で口を開けてじっとしていることが多い。

熱川バナナワニ園

●開園／1958年 ●面積／35,139㎡

2008年ワニ園がリニューアル。一部のワニを横や下からみられるようになった。最近では某温泉映画のロケ地になった。ワニだけが有名だが、植物好きな人も楽しめる。

〒413-0302
賀茂郡東伊豆町奈良本1253-10
☎0557-23-1105

●開園時間／8:30～17:00
（最終入園16:30）
●休園日／年中無休

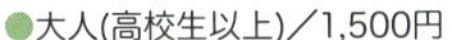

●大人(高校生以上)／1,500円
●中学生以下／750円
●4歳未満／無料

●伊豆急行線「伊豆熱川」駅より徒歩すぐ

●ワニのエサやり
夏期　日曜日／水曜日　13:00
冬期　日曜日　13:00

●レッサーパンダのエサやり
9:00、15:00

#03 伊豆アニマルキングダム⇒ **P022**
国道135号を南下し、県道113号を左折15分

column

変わりゆく日本の動物園・水族館

動物園は主にヨーロッパで始まったとされています。各国の植民地から奪ってきた美術品や調度品のほかに、生きたその土地のものとしてコレクターの手に渡り、もの珍しさから大衆にみられるようになったという説もあります。

日本では1882年に東京都で上野動物園が開園し、その敷地内に併設されたのが日本初の水族館とされています。水族館はその後、海に囲まれた国土を生かし近海から展示物も調達できることもあって全国各地に次々と建設され、今では世界トップクラスの水族館数となっています（人口に対する数は世界一）。そのため競争率も高く、水槽の製造技術やサービス面にも磨きがかかり、現在では巨大水槽をはじめ深海生物の展示や都市部での建設など高度な技術だからこそできる水族館も登場しています。

参考文献
安部義孝著『水族館をつくる―うおのぞきから環境展示へ―』ベルソーブックス出版

《静岡県における園館の歴史》

1930年	伊豆三津シーパラダイス開館
1950年	浜松市動物園、現在の浜松城公園に開園
1958年	熱川バナナワニ園開園
1959年	伊豆シャボテン公園開園
1963年	淡島海洋交園開館
1967年	下田海中水族館開館
1969年	日本平動物園開園
1970年	東海大学海洋科学博物館開館
1971年	熱川バナナワニ園分園が開園
1977年	伊豆バイオパーク開園
1980年	富士サファリパーク開園
1983年	浜松市動物園が現在地へ移転
1984年	淡島海洋交園があわしまマリンパークに改称
1992年	富士国際花園開園
2003年	掛川花鳥園開園
2008年	熱川バナナワニ園がワニ園をリニューアル 富士国際花園が富士花鳥園に改称 あわしまマリンパーク、カエル館開館
2010年	伊豆バイオパークが伊豆アニマルキングダムにリニューアル 日本平動物園の猛獣館299開館
2011年	沼津港深海水族館開館
2012年	iZoo開館
2013年	日本平動物園、リニューアルグランドオープン

注目集める静岡県の動物園・水族館

動物園や水族館の施設数第１位は東京都、ついで北海道、神奈川、愛知と並びます。静岡県は東部を中心に点在しており、人口に対して動物園・水族館が充実していると言えます。

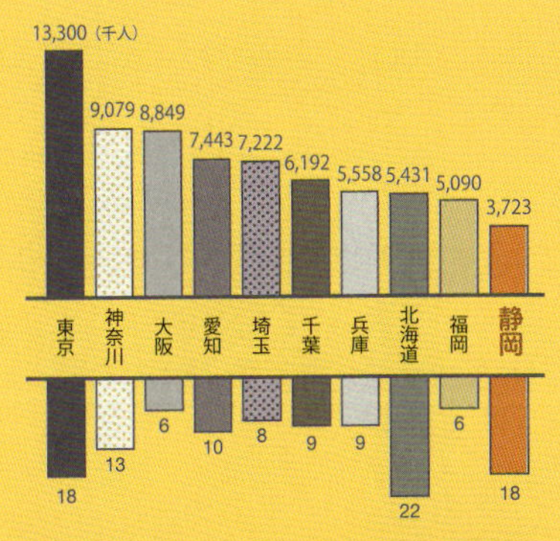

都道府県別人口上位10位（平成25年）

資料：「人口推計」（総務省統計局）

動物園・水族館・生物系博物館等施設数

（いきもの企画調べ）

行動展示で話題を呼んだ北海道の旭山動物園に端を発し、県内でも行動展示型の動物園にリニューアルした日本平動物園のほか、爬虫類の展示に特化したiZooや深海生物を展示する沼津港深海水族館など、個性の強い動物園や水族館が注目を集めています。

知ってる？
IZA7
（いざ！セブン）

Izu peninsular Zoos and Aquariums association 7の略。
楽寿園・伊豆シャボテン公園・伊豆アニマルキングダム・熱川バナナワニ園・伊豆三津シーパラダイス・あわしまマリンパーク・下田海中水族館の７施設が加盟する協議会。2013年発足。伊豆地方の園館の活性化のため活動しています。

伊豆シャボテン公園

いずしゃぼてんこうえん

静岡県伊東市 ›››
DATA ⇒P041

マニア向け　学習向け　ファミリー　ふれあい　ごはんあげ　全天候　まわりやすい　広面積　アクセス良好

1.シロムネオオハシ
2.ラマ
3.金鯱
4.カピバラ
5.チンパンジー

カピバラ露天風呂の元祖はココ

　メキシコの乾燥地帯を模した園内は、サボテンの温室や古代メキシコ文明の石像レプリカがたくさん。日本とメキシコ両国の文化交流にも大きな役割を果たしている。

　南米のいきものも多く展示し、1982年から続く冬の風物詩「カピバラ露天風呂」はここが元祖。屋外に飼育されているいきものたちは、堀などを使った展示でほとんど檻がない。本格的なカメラがなくても、そのままの写真を撮ることができるのもポイント。

みのがせない!!

A ブラウンキツネザル

マダガスカルに生息するキツネザル。原始的な霊長類。オレンジ色の目をした顔はキツネかネコのような印象。見られるのは県内でここだけ。

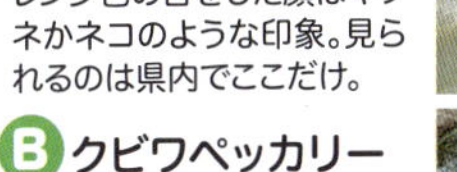

B クビワペッカリー

日本のイノシシにも似ているペッカリーと呼ばれる仲間。イノシシと比べると少し小さく、大きな群れをつくることで知られる。

C オオサイチョウ

バードパラダイスの片隅、他の鳥がいるところと区切られている。見逃してしまうことが多いので注意。バナナをのせたような独特な顔。

D パカ

カピバラに比べると地味で知名度も低いが、10kgほどにもなる大きなネズミの仲間。子鹿にあるような白い斑点が特徴だ。

伊豆シャボテン公園あるきのポイント

放し飼いのいきものたちがたくさん

見たい場所から攻めてみよう

広い園内は、小さな世界が点在しているので、行く先々で雰囲気がガラリと変わって楽しめる。特に順路を決めずに見たいところから攻めよう。バードパラダイスは最低でも15分は滞在したい。

園内で出くわすいきものたち

リスザルは50頭以上飼育されており、思わぬところで出くわす。エサをあげることもできる。雨の日は池のほとりのツリーハウスで休んでいるかも。インドクジャクは木陰で休んでいたり、草食動物の放飼場に侵入することもあるという。

クジャクのヒナ

カピバラ虹の広場

カピバラの噴水がかわいい2014年にできたばかりの新名所。カピバラの親子に会えるばかりでなく、エサをあげたり、間近でさわることができる。工房ではカピバラにまつわるワークショップも行われる。

↑シチメンチョウは放し飼いにされている。アメリカ大陸を代表する鳥だ

←南米に生息するアルパカ

バードパラダイス

約20種類の鳥たちが自由に行き来する空間。靴を消毒して入っていける。鳥たちはヒトの順路もたまに使っている。ヒトをあまり恐れない鳥なら、遮るものなしに近くで観察できるチャンス。木々の間に鳥の巣も発見できるかもしれない。

ここでぜひ見ておきたいのがハシビロコウという鳥。中部地方の動物園にはここに一羽いるだけの珍しい鳥だ。独特のくちばしや顔つきが密かな人気を集めている。

クロトキとクロトキの巣

インカアジサシ

ハシビロコウ

オオサイチョウ

シャボテン温室

サボテンや熱帯植物が展示されている温室を抜けると洞窟になっていて、南米の小動物たちを見ることができる。ムツオビアルマジロは県内でここだけ。照明の明るい展示室は珍しいので表情まで堪能したい。

フタユビナマケモノは絶対逃げないことから、冬季以外は展示室の扉が開放されている。他にもパカやシロムネオオハシなど、どこにでもいるいきものではないので注目だ。

ムツオビアルマジロ

6本あるように見える背中の帯が特徴。穴を掘って生活する。生息地では彼らの穴をさまざまないきものが利用するため、重要な存在だ。

大胆に開け放たれたナマケモノの部屋。ぶらさがる彼らを覗き込もう。

カンガルーの丘

洞窟をくぐり抜けると姿を現わす、驚くほど広い放飼場。パルマワラビー、ベネットワラビー、クロカンガルーの3種の有袋類が暮らしている。それぞれ大きさで区別がつく。これだけ広いと、おなじみのジャンプ移動も見られるかもしれない。

ひときわ大きいクロカンガルー

中くらいのベネットワラビー。隅に固まっていることが多い。

パルマワラビーは小ささもさることながら顔つきもカンガルーのこどものようだが、これでも成獣だ

シャボテンソフト➡
350円
サボテンの赤い実エキスを使用したソフトクリーム。甘酸っぱくなめらかな味

カフェ・シェリイ

ホクホクのやきたてパンセット、オリジナルパンなどが食べられる。

ギボン亭

メキシコ料理やグリル料理の本格レストラン。窓際の席からはサルたちのいる島を望む。"ギボン"とはテナガザルの英名。

国内で生産された生サボテンを使用。安心の品質

⬆サボテンステーキ 1,000円
国産の生のウチワサボテンを使用し、酸味が効いてやわらかい。めったに食べることができないので、ファミリーやグループで注文し、シェアしてもいいかも。

⬅メキシカン・ファイヤー 1,000円
サフランライスにスパイシーなひき肉とサラダがのった、食欲をそそる一品

⬆お子様ランチ590円
かわいいカピバラのカレーがメインの、ワンプレートランチ

世界で一番辛いといわれるサドンデスソースという恐怖の調味料もあるので辛党の方は試してみては…。

ギフトショップ おみやげ館

オリジナル商品多数。カピバラグッズ、伊豆の名産はもちろん、メキシコならではの商品もそろう。

ハシビロコウのおやつチョコクッキー 380円⬆
ハシビロコウのお菓子は珍しい! ひと味違うお土産にいかが?

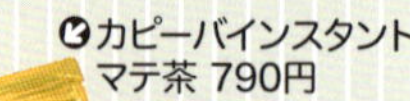

カピーバインスタントマテ茶 790円
「飲むサラダ」と呼ばれ、健康にもよいとされる南米のお茶、マテ茶。インスタントで飲みやすくなっている

シャボくん S⬆
1,380円
シャボテン公園のマスコット、シャボくん。実は彼には家族がいるので、そろえたくなってしまいそう

アルパカ M
1,300円➡
ふわふわでかわいいアルパカのぬいぐるみに癒やされる。カラーバリエーションあり

⬅LOVE湯カピバラ M
1,920円
大人気カピバラのぬいぐるみ。特別バージョンで、伊東温泉と刺繍の入った手ぬぐいを頭にのせている

伊豆シャボテン公園

●開園／1959年 ●面積／20,000㎡

大室山の麓に位置する。幾度となく特撮ドラマなどのロケ地となってきたため、マニアの人たちには見覚えのある景色があるかもしれない。いきものだけでなく、メキシコ遺産旅行をしているような撮影ポイントがたくさんある。

〒413-0231
伊東市富戸1317-13
☎0557-51-1111

●開園時間／
3月〜10月　9:00〜17:00
11月〜2月　9:00〜16:00
●休園日／年中無休

●大人(中学生以上)／2,300円
●小学生／1,100円
●幼児(4歳以上)／400円
●70歳以上／1,900円

●伊東線「伊東駅」から東海バスで約35分、またはタクシーで約25分

●**どうぶつ学習発表会**／11:00〜、14:00〜
●**リスザルくんごはんですよ**／1日2回、時間未定
●**ペリカンくんごはんガイド**／12:00〜
●**アジサシくんごはんキャッチ、ハシビロコウのごはんですよ**／
15:30〜(3〜10月)、15:20〜(11〜2月)
●**ナイトツアー**／期間限定・GW・夏季等
※動物の体調等により、イベントの内容・時間は変更となる場合あり

#03 **伊豆アニマルキングダム** ⇒ P022
国道135号を車で30分南下

#04 **熱川バナナワニ園** ⇒ P028
国道135号を車で30分南下

仲良し＆面白ショット編

伊豆三津シーパラダイス

いずみとしーぱらだいす

静岡県沼津市 ›››

DATA⇒P049

マニア向け　学習向け　ファミリー　ふれあい　ごはんあげ　全天候　まわりやすい　広面積　アクセス良好

1·5.キタオットセイ
2.するがわん7
3.シキシマハナダイ
4.ハンドウイルカとふれあい

海が育む多様性を実感

県内では、海獣が最も多く見られる水族館で、魚類も含めて約300種飼育。セイウチやオットセイなどのヒレアシ類に特化している。イルカの飼育スペースは駿河湾を区切ったもので、自然に近い姿を楽しめる。複数のショーも人気がある。

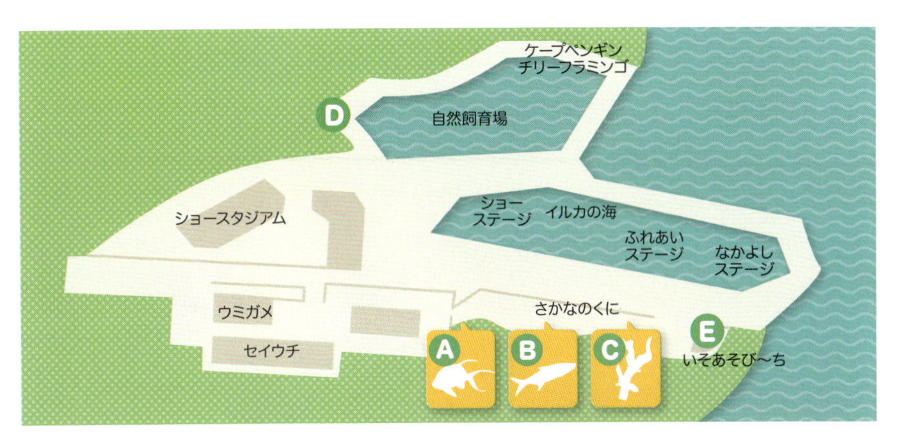

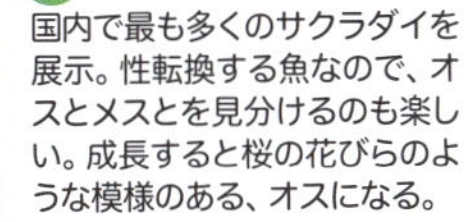

A サクラダイ

国内で最も多くのサクラダイを展示。性転換する魚なので、オスとメスとを見分けるのも楽しい。成長すると桜の花びらのような模様のある、オスになる。

B オオメハタ

水深600mまでに生息する。ほかの水族館ではほぼみられない。水圧の変化だけでなく水揚げ時の傷に弱いことも希少性が高まる所以だ。

C エダミドリイシ

館内で増殖・育成が進められているサンゴ。付近の海でも見られる代表的な種。色とりどりの魚の下で、見逃しがちなので注意しよう。

E いそあそび〜ち

安全に磯遊び体験ができる。厳選された魚とふれあえる。

D フンボルトペンギンの 意外かもしれない 暮らし

岩場に囲まれた場所に、フンボルトペンギンが追いやられているように見えるこの1枚。ペンギンはプールや水槽で飼育されるイメージが強いが、南米に生息するこの種は生息地でもこのような岩場や砂漠で暮らしている。

驚くことに、繁殖期になるとペンギンたちは葉や枝などを自ら集めて巣作りに励むという。飼育員の用意した素材より、そこにあるものを使いたがることもあるそう。

伊豆三津シーパラダイス あるきのポイント

順路通りにショーを楽しもう

各ショーは2カ所で行われている。特に「ショースタジアム」で行われるショーは、カマイルカのほかアシカとトドも登場しかなり見応え十分。セイウチスタートの順路通り、ショーを挟みつつ巡るのが楽しい。

オットセイの後肢

細長く、途中に爪があるのがわかる。爪から先には骨もないので柔らかく、よくしなる。形や大きさをアシカやアザラシと見比べてみよう。

激レア 日本でここだけキタオットセイ

日本近海にすむキタオットセイは、古くから毛皮や漢方薬の原料として利用されてきた。そのため、乱獲が進んで生息数が減少し、絶滅危惧種に指定され保護が不可欠である。現在は水産庁の許可なしに飼育することはできない。ここでは研究や繁殖を目的として飼育が許可されている。日本のほかの水族館にいるオットセイはアフリカやオーストラリアなどに生息するミナミオットセイの仲間で、別の種類だ。

オットセイはアシカの仲間だが、アシカに比べ毛むくじゃらで、からだに対してヒレがかなり大きいのが特徴だ。自然飼育場は網で海と区切られた展示場で、キタオットセイ・カリフォルニアアシカ・ゴマフアザラシが一緒に暮らしている。

ヒレで器用にグルーミング

水が浸みこまないよう毛を綺麗に保つためにグルーミングを行う。

豊富なヒレアシ類

キタオットセイ・カリフォルニアアシカ・ゴマフアザラシのほかに、セイウチとトドが見られる。この巨大ヒレアシ類はいずれも県内ではここだけ。

両者とも冷たい海に生息し、オスであれば1tを超える。セイウチにはお食事タイムが設けられ、飼育員の解説も聞ける。トドはショーでダイナミックな姿を見せてくれる。

セイウチ

トド

ハナハゼ

魚類を中心とした オーソドックスな水族館

海獣だけでなく、魚類も充実している。ほとんどが駿河湾で採集されたいきものである。

オスの尻びれにだけある、墨で描いたような模様が名前の由来。おそらく日本ではここでしか見られない。

にょろドーム

ウツボは水族館では隠れていたり、脇役のイメージが強いが、この水槽ではメインで展示されている。ドーム状のガラス面の下へ入っていける造りになっているので、他のどの施設よりもウツボをどアップで楽しめる。恥ずかしがらず大人も体験してみよう。

クラゲ万華鏡

鏡を効果的に使い、部屋中にミズクラゲがいるように見える。普通クラゲの水槽は横方向に回転するように水流を起こすが、この水槽は前後タイプで、クラゲが迫ってくるように見えるのが面白い。時間によって照明の色が変わる。

海の掃除屋「オオグソクムシ」

ダンゴムシの仲間では日本最大で、水深150～600mに生息している。魚や小動物、鯨類の死体など貪欲に食べることから、「海の掃除屋」とも呼ばれる。同館では約100匹飼育している。

↓アトランティックターポン

メイン水槽は、入っている魚のサイズがことごとく大きめなので、超巨大水槽の一部を切り取ったような独特の迫力がある。

↑ギンガメアジ

伊豆三津シーパラダイス #06

ビーチのイルカを楽しみながらどうぞ

FOODS

駿河湾、イルカショー、遊覧船を見ながら食事できる展望レストラン「かもめ」とテイクアウト専門のお店がある。

クラゲアイス 350円
みとシーオリジナルアイス。冷え冷えの中のぷちぷち食感を初体験!

海の幸丼 味噌汁付 1,200円
旬の魚がたっぷりのった大満足の丼。内容は季節により異なる

GOODS

おしゃれな店内。女子のハートをつかむ商品が多数

うみぞう S 1,490円
オリジナルのぬいぐるみ。バケツをもったポーズがかわいいセイウチ。Lサイズ(8,100円)も

ダイオウグソクムシクッション 1,080円
かまぼこ型の目がリアル!お部屋のムードがガラッと深海に

セイウチのふんクッキー 400円
お菓子人気No.1。中身はころころのチョコクッキー。シール入り

海中散歩マスキングテープ 288円
数センチ貼るだけで楽しくなるテープ。ラッピングやデコレーションに使おう

海中散歩ビーンズ アオウミウシ 750円
やさしい手触りと手のひらサイズがうれしいぬいぐるみ。小さなお子さまにも

伊豆三津シーパラダイス

●開館／1930年 ●面積／21,880.7㎡

県内で最初にできた水族館で、全国的にもかなり老舗。日本では最も一般的に飼育されているハンドウイルカも、日本で最初に飼育・展示を始めたのはこの水族館。海を生かしミンククジラやシャチ、ジンベエザメなどの巨大生物を飼育したキャリアもある。

〒410-0295
沼津市内浦長浜3-1
☎055-943-2331

●開館時間／9:00〜17:00
（最終入館16:00）
※GW・夏期は時間延長あり
●休館日／12月にメンテナンス休館あり

●大人（中学生以上）／1,960円
●子供（4歳〜小学生）／980円
※身体障害者手帳・福祉手帳・療養手帳をお持ちの方は5割引

●伊豆箱根鉄道「伊豆長岡駅」よりバスで約20分
●またはタクシーで約15分

●ショースタジアム（通常3〜4回）
●イルカの海ショーステージ（通常3回）
●セイウチのお食事タイム（通常2回）
●自然飼育場のお食事タイム（2回）
●遊覧船チャッピー（冬季運休）、イルカにお魚をあげよう、アシカにお魚をあげよう、ドキドキイルカウォッチング、ブリ・マダイに餌をあげよう
●ナイト営業（GW、お盆期間）
●期間限定イベント…ドルフィンザブーン、カマイルカ観察会、トドにお魚をあげよう など

#07 あわしまマリンパーク ⇒ P050
県道17号を北に5分

#16 駿河湾深海生物館 ⇒ P102
県道17号を南に50分

あわしまマリンパーク

あわしままりんぱーく

静岡県沼津市 ›››

DATA ⇒P055

マニア向け　学習向け　ファミリー　ふれあい　ごはんあげ　全天候　まわりやすい　広面積　アクセス良好

1.フタイロネコメアマガエル
2.キサンゴの多い水槽
3.ふれあい水槽
4.ゴマフアザラシ
5.アワシマ号

アワシマ号に乗って旅行気分で水族館へ！

全国的にも珍しい、船で上陸する無人島の水族館。アシカやイルカショーのほか、淡島の海を表現した水槽も人気があり、ちょっとした旅行気分を味わえる。天気がよければ、駿河湾に浮かぶ富士山にも出合える。

みのがせない!!

A ウチウラタコアシサンゴ

イソギンチャクにしか見えないが、骨格があるのでサンゴに分類される。触手の先端が蛍光色なのがチャームポイント。このあたりの海で発見されたことが由来で「内浦」地区の名前がついた。

B ふれあい水槽の接写カメラ

触れるだけではわからない、マクロな世界を特別なカメラとモニターを使って楽しもう。操作はスタッフが行う。

あわしまマリンパークあるきのポイント

ショー➡解説➡観覧➡散策の順で

ほぼ休みなく４つのイベントが組まれている。まずアシカ→イルカショーの順に見てから水族館に入り、解説とふれあいを楽しんだ後ゆっくり見ると無駄がなくていい。島の周囲のウォーキングコースにはクイズラリーが設置されていて、水族館で見たこと、見たもののおさらいができるので、帰り際の散策がおすすめ。

コンセプトは「ゼロ距離ショー」

アシカショーには、カリフォルニアアシカとゴマフアザラシが登場する。最近、会場から柵が取り払われた。目の高さもほぼ変わらず、いきものたちが乗り出してくる技も多い。まさにゼロ距離ショー。さらに演目が終わると、観客席まで遊びにきてくれることも。海獣をこの近さでみられるチャンスはなかなかない。イルカショーも派手な大技より、普段は見えにくいからだの部位をわかりやすく見せてくれたり、身体的特徴を生かした特技など、ためになる解説に重点が置かれている。

それぞれのショーには、筋書きはないのだという。海獣のコンディション、そのときの客層によって、内容や技が変わる。つまりスタッフといきものたちのアドリブ！複数回見ても楽しめるに違いない。

尾びれを上下に動かす「ドルフィンキック」を、あえて水の上で見せながら泳ぐハンドウイルカ

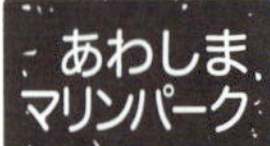

日本一のカエル館

もともと企画展として始まったカエル展示だったが、どこにも負けないカエルコレクションになった。2014年10月現在、60種類150匹！カエルの生息地として真っ先に挙げられるのは南米のジャングルだが、日本に生息する種の1/4にあたる11種類も展示されている。

人によって好き嫌いがあるということで、別料金100円になっているが、多少苦手な人でも、カエルのイメージが変わるはず。一日何度も再入場できる。

ヴァレリオアマガエルモドキ
シースルー！激々レア種

シロスジネコメガエル
ネコのような縦に細い瞳孔

セマダラヤドクガエル
おなかと背中がおしゃれなバイカラー

アイゾメヤドクガエル
手足と胴体で趣の違う柄がおもしろい

イシカワガエル
沖縄本島と奄美大島に棲む。緑地に黒のマーブルが「日本一の美カエル」といわれる所以

オットンガエル
奄美大島などに生息する日本固有種

アジアジムグリガエル
地面にもぐるからジムグリガエル

ケンランフリンジアマガエル
皮が余ったような脚をもつ。派手派手！

ベントリヤドクガエル“イキトス”
ボーダーとドット。品種名の“イキトス”とはペルーの地名

ジュウジメドクアマガエル
十字模様の目が最大の特徴。意外と大きく育つ

イチゴヤドクガエル”バスティメントス”
ちょっと赤色がおとなしいイチゴヤドクガエル

雨降り装置

カエル館では、全自動で雨が降る。雨が繁殖のスイッチになるカエルが多いという。繁殖を制限している水槽では降らせなかったり、必要な水槽では増やしたりと降雨量の調整も可能だそうだ。

美しく手のこんだレイアウト

一つ一つの水槽にジャングルが再現されている。このふんだんな植物のおかげで、カエルたちは時には姿を隠し暮らしていける。観覧客には見づらいこともあるが「この水槽には○匹います」という表示のおかげで、カエル探しに余念がなくなりそう。

大水槽「そのへんの海」

大水槽は、島の水族館ならではと言える展示。まさに「あわしま」が凝縮されている。サンゴもイソギンチャクもそのまま。岩だけは重量軽減のため擬岩だが、本物から型を取っているというこだわりぶり。自然では季節と環境に大きく左右されるが、この水槽では常にベストコンディションに保たれている。想像するより鮮やかないきものが多いと驚く人が多いそう。「"そのへんの海"も展示によってはこんなにキレイなんです」というメッセージが込められている。

大水槽のイベント

「水族館お魚の解説」は、飼育員が指示棒でその魚を指しながら解説してくれるため、とてもわかりやすい。

クロホシイシモチ

一見なんの変哲もない魚だが、この広い水槽にいても必ずペアで離れず一緒に泳いでいる。知らなければ気にもとめないが、ひとたび解説を受けてしまうと、いつもクロホシイシモチペアが気になって、ずっと探してしまいそう。

愛情いっぱいの水族館

淡島の海を表現する水槽が多くあるが、ここで注目したいのは、担当者の顔写真入り解説シート。水槽づくりの苦労話や世話をする人にしかわからない裏話が詳しく書かれている。自然に心理的距離がなくなっていく工夫に、ここでも"ゼロ距離"を感じる。担当者がいればその場で説明してくれるかも!?

2階はいきものの話に限らず、水族館の仕事のことなどがさらに盛りだくさん解説されていて、かなり読み応えがある。

コブダイのコブ平あらため、コブ子

なんと、イルカのショー会場スペースに棲んでいたところを連れてこられたニューアイドル。からだが大きく、こぶの肥大が激しいためオスと思われていたが、どうやらメスらしいとのこと。コブ子のように、パークの中で見つかったいきものたちも数多く展示されている。

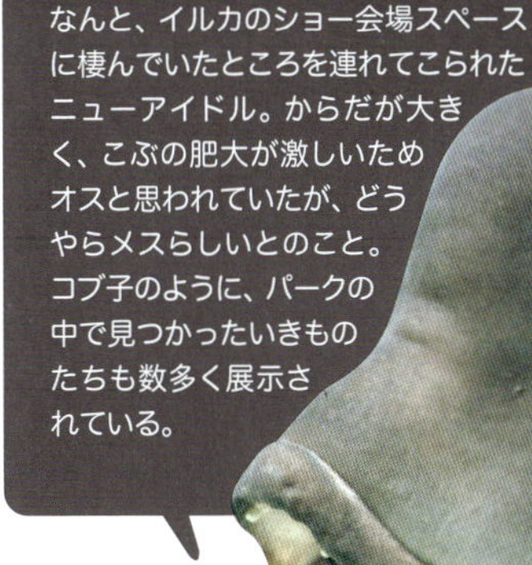

海に囲まれて…

磯料理 離宮

本格和食が楽しめる海上レストラン。静岡名産の食材にこだわっている。

駿河丼 1,200円

サクラエビ、釜揚げシラス、さらにわさび漬けと静岡づくしの丼

ショップ
しまたろう

あわしまセレクトのカエルグッズは、かわいいものばかりじゃないところがいい！

カエル専門書の数々は、あわしま監修のものも

フンボルトスイミング
1,620円

あまり見かけないうつぶせポーズ

オリジナルカエルカレンダー
700円

あわしまマリンパークオリジナル！カエル初心者の人も毎月これで勉強しよう

カエルミニシール付きミニチョコ　500円

中はしぶ～い石みたいなチョコ。飾っておきたくなる、いい写真

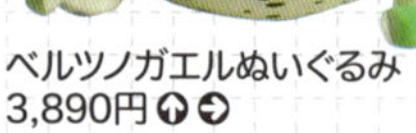

ベルツノガエルぬいぐるみ
3,890円

柄など非常に精巧に作られているビッグサイズのぬいぐるみ。通販以外でカエルの販売はここだけ！

カエル博士タオル
410円

マニアックな種類が選ばれタオル化されている。カラーリングもかわいめ

あわしまマリンパーク

●開館／1963年 ●面積／150,000㎡

まるごとテーマパークの島は、一周2.5km。偶然にも駿河湾の深さと同じである。歩いてその長さを実感してみるのもいいかもしれない。また、島内には江戸時代に用いられたとされる魚を見張るための台（魚見台）が遺されていたり、石切り場から切り出した石を現静岡市にある駿府城まで運んだことがわかっていたりと、歴史好きの人にもおすすめできる水族館。

〒410-0221
沼津市内浦重寺186
☎055-941-3126

●開館時間／9:30～17:00
（最終入館15:30）
●休館日／年中無休
（悪天候で船舶欠航時は臨時休園）

●大人（中学生以上）／1,600円
●子供（4歳～小学生まで）／800円
※往復の乗船料は入館料に含まれている。

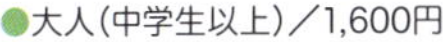

●JR「沼津駅」よりバスで約30分
●伊豆箱根鉄道「伊豆長岡駅」よりタクシーで約10～15分

イベント情報

●**アシカショー**／11:00、13:00、15:00
●**イルカショー**／11:30、13:30、15:30
●**レギュラーイベント**／10:30（アシカにごはん）、12:15（ペンギンにごはん）
●**季節開催**／カメにごはん、淡島水族館バックヤードツアー、アザラシにごはんなど
●**水族館お魚の解説**／12:00、14:00 ※土日祝のみ16:00も実施
●**水族館ふれあい水槽**／12:30、14:30 ※土日祝のみ10:15、16:15も実施
ふれあい水槽はこの時間に限らずスタッフがいれば解説してくれることもある。

はしごのすすめ

#06 伊豆三津シーパラダイス ⇒ P044
県道17号を南に5分

#16 駿河湾深海生物館 ⇒ P102
県道17号を南に50分

沼津港深海水族館
～シーラカンス・ミュージアム～

ぬまづこうしんかいすいぞくかん

静岡県沼津市 ›››
DATA⇒P061

マニア向け　学習向け　ファミリー　ふれあい　ごはんあげ　全天候　まわりやすい　広面積　アクセス良好

50種2000匹の深海生物を展示

水深200m以上を指す「深海」をテーマとした日本初の水族館。最深部2500mと日本一深い湾である駿河湾の深海生物を中心に世界の希少な深海生物をみることができる。

1.ダイオウグソクムシ
2.キホウボウ
3.タカアシガニ
4.オウムガイ
5.ナヌカザメ

写真提供／沼津港深海水族館

深海を感じる

同じ特徴を持つ、浅い海に生息するものと、深海に生息するものを隣合わせで比較展示している。例えば、同じエビでも深海と浅い海のエビを並べて展示することより、姿形や色などの違いや共通点を比べることができる。

隣同士の水槽の照明の違いもおもしろい。似たところ、違うところ、いろいろ見つけてみよう。

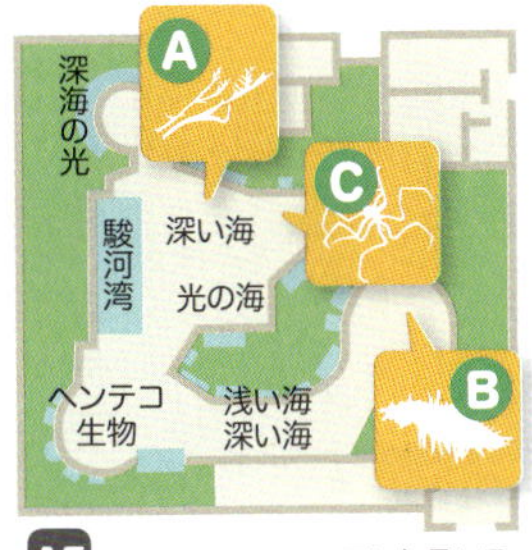

観察か、学習か、お好みで

1階の生体展示に時間をかけるのもいいし、2階のシーラカンスに関する解説をじっくり読みふけるのもいいし、めったに起きないハリモグラをひたすら待つのも、お好みでどうぞ。夢中になっていてもイベントが始まる時間になると、係員が呼びかけてくれるので安心だ。

みのがせない!!

A テヅルモヅルの仲間

植物にしか見えないが、ヒトデの仲間なので5本の腕から成る。先端はきわめて細い。

B ヒメカンテンナマコ

ナマコのイメージをくつがえすような美しいナマコ。飼育されること自体が稀なため、おそらくこの水族館で初めて発光することが発見された。

C ヤマトトックリウミグモ

すべて脚に見えることから皆脚類（かいきゃくるい）と呼ばれる。大きな分類ではクモやサソリ、カブトガニが含まれるグループに属するが、皆脚綱にはウミグモ類しかいないので、特別な存在のいきものだ。（たとえば、哺乳綱にはヒトやウマ、カバもネズミもカンガルーも含まれる）

沼津港
深海水族館
#08

大水槽

沼津港で捕獲された深海の生き物のみを集めた、駿河湾の水深300mを再現した水槽。駿河湾は、世界的にも珍しい「急深」の海。沼津港から20分も船を走らせると、深海生物の漁場が広がっている。

環境の変化に弱く、捕獲・輸送・飼育が困難な深海生物を、この立地をいかし、100年以上前から深海漁を行っている地元の漁師の船にスタッフが乗り込み、適切な処置を行う。素早く輸送することにより、非常にデリケートな深海生物の飼育が可能となるのだ。

サギフエ

駿河湾の水深50～500mに生息する。頭を下に向けて泳ぐことが多い。近頃話題になっているのが「サギフエは赤色を認識できるか？」という一風変わった実験。緑のライトと赤いライトを点灯し、エサを使って赤側に集まるようにトレーニングを重ねている。この実験は不定期で行われている。

見られたらラッキーなアイドル「メンダコ」

近年人気を伸ばし続ける軟体動物。短くみえる脚やかわいい耳のようなヒレなど、マニアの心を惹きつけて離さない。ご注意頂きたいのは、常設展示ではないこと、飼育が大変困難であること、5月～9月の禁漁期まで生き延びることはほぼ不可能、光に非常に弱いため、写真撮影は禁止されていること。メンダコがお目当てならば、禁漁期を外し、水族館の発信する情報（WebサイトおよびSNS）を随時確認しながら来館の予定を立てることが重要である。

展示されていても底のほうでじっとしていることが多いが、見ないと絶対に損といっていいくらい生きた姿を見られるのは珍しいいきものだ。パタパタとヒレを動かし浮かんでいる姿など、ほとんど奇跡に近い（そういう状態のメンダコは、残念ながら死期も近いとされている…）。

シーラカンス・ミュージアム

シーラカンスとは、3億5000万年前から姿や形を変えずに、深海で生き続けてきた古代魚である。80年前のシーラカンス発見の秘話が、捕獲の際の貴重な遊泳映像とともに臨場感たっぷりに伝えられている。うれしいのが、現在はワシントン条約で捕獲や商業目的による輸出入が禁止をされているシーラカンスのはく製個体3体と、冷凍個体2体を見られることである。中でも冷凍個体の展示は世界で唯一となる。

深海生物を中心に、約40種の標本を展示している

透明骨格標本コーナー

透明骨格標本は何種類もの薬品を使い、数カ月かけて肉の部分を透明にし、硬い骨は赤く、柔らかい骨は青く染められたもの。

一番の注目は体長約30cmのダイオウグソクムシの巨大な標本だ。もともと透明の体を持つ生き物と標本を比較してみれるコーナーもあり、生命の不思議を感じることができる。

展示中の骨格透明標本はすべてスタッフの手作りによるもの。水族館での常設展示は日本初

コラム

難しい「深海生物」の 展示　なぜ実現するか

❶試行錯誤の末の細心の管理

深海生物は捕獲例が少ないことから、生息する環境や、生態などについてほとんど分かっていない。そのため、エサの調査や水槽内の水温・水質・砂や泥などの環境を研究しながら飼育することで1日でも長く生きられるよう試行錯誤している。

❷環境づくり

光の届かない世界を再現しなければならない。冷たい海水温と、いきものに負担にならない照明の色（赤色が最も適しているといわれる）を暗めに保つことはもちろんのこと、観覧客にフラッシュ禁止あるいは撮影制限を呼びかけることも重要である。

❸素早くデリケートな運搬

深海生物には固い甲羅などで身が覆われているものと、ブヨブヨのからだで水圧から内臓を守るものが多い。ブヨブヨの彼らは漁網によるスリ傷や外部からの衝撃に著しく弱く、簡単に息絶えてしまう。船上に揚げられた段階で深海生物専用の容器が用意され、搬入までの間、細心の注意を払われながら運ばれてくる。沼津港からほど近い立地も、多くの生物を生きたまま見られる大きな強みの一つと言える。

以上のようなことに気を配らなければ、深海生物の展示は成功しない。ありがたいことに、水族館スタッフの研究や最新の管理により、長生きする深海生物も多くなり見られる種類は増えてきている。

沼津港
深海水族館
#08

自分好みに焼ける

深海魚×焼き
浜焼きしんちゃん

深海魚は見た目こそはグロテスクだが、実は脂がのっていて非常においしい。ここでは、素材をそのままバーベキューで楽しめるほか、一品料理も充実している。

駿河湾深海おまかせ盛り 1,350円
沼津港で水揚げされたメギス、メヒカリなど5種類の新鮮な深海魚を浜焼きで楽しむことができる

港八十三番地

沼津港深海水族館の属する、「港八十三番地」には他に回転寿司、海鮮丼、天ぷら、ハンバーガーなどの専門店が建ち並ぶが、どこでも深海魚は食べられる！

ミュージアムショップ
ブルージェリー

生体が5割深海なら、こちらは8割以上深海グッズがそろう。オリジナル商品も多数。

シーラカンスより古い時代の古代生物ぬいぐるみもこんなに！

ココアクッキー ホワイトチョコバー 850円
超クールなダイオウグソクムシ缶。もちろん食べた後は部屋に飾り続けたい

メンダコストラップ 490円
本物に近いオレンジ色だけでなく、ブルーやイエロー、ブラック、ヒョウ柄まで展開している

深海ソックス 550円
ここでしか買えないオリジナル商品。サイズは16～22cmと23～25cmがある。二足で1,000円と100円お得になる

沼津港深海水族館

●開館／2011年 ●面積／495.87㎡

県内で最新の水族館。沼津港グルメ観光と併せて楽しめる規模。県内では小さめだが、ほかでは見られない深海生物やシーラカンスを見られるとあってリピート率も増えている。環境の変化に弱く、輸送・飼育が困難と言われる深海生物を目の前にある日本一深い駿河湾がある沼津港の立地を生かし、スタッフが地元の漁師の船に乗り込み適切な処置を行うことで、世界初のカグラザメの生体展示など、希少な深海生物の飼育に成功している。常に新しい生物を捕獲し、展示を行っているため、来るたびに新しい生物と出合うことができるのも魅力だ。

〒410-0845
沼津市千本港町83
☎055-954-0606

●開館時間／10:00～18:00
（8月は19:00閉館）
●休館日／年中無休
（メンテナンス休業あり）

●大人（高校生以上）／1,600円
●子供（小・中学生）／800円
●幼児（4歳以上）／400円
※65歳以上100円引き（証明書提示）

●東海道新幹線「三島駅」よりJR東海道線に乗り換え（5分）
JR東海道線「沼津駅」南口より
①バスで約15分「沼津港」下車
②タクシーで約5分～10分

●**ハリモグラ解説／**12:00
●**シーラカンス解説／**〈平日〉14:00　〈土・日・祝〉13:00、15:00
●**沼水ラボ／**〈平日〉13:00　〈土・日・祝〉11:00、14:00
応援隊長のやるせなす石井康太氏（通称・石井ちゃん）が解説を行う日がある。毎月不定期（その場合スケジュールが異なる）。

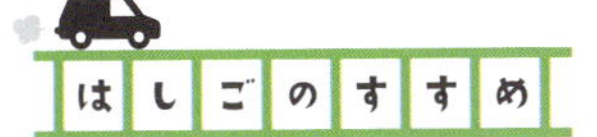

#06 伊豆三津シーパラダイス ⇒ P044
車で30分

#07 あわしまマリンパーク ⇒ P050
車で20分

楽寿園

らくじゅえん

静岡県三島市 ›››

DATA ⇒P063

マニア向け 学習向け ファミリー ふれあい ごはんあげ 全天候 まわりやすい 広面積 アクセス良好

やさしいいきものがたくさん

公園の中に併設されている動物園がある。さわることができる小動物が主だが、鳥類・爬虫類の展示も行われている。ふれあえるやさしいいきものの割合が極めて高い。JR三島駅からのアクセスの良さに加え、入園料も安めなので、動物園ビギナーやお子さんにとって初めての動物園にピッタリだ。

Ⓐ デグー

南米に生息するネズミの仲間。頭部が大きく少しずんぐりむっくりした印象だ。まったく違うのはヒトを恐れず、よく懐くこと。展示場は壁も檻もない堀式なので、フレンドリーさを顕著に感じられそう。

Ⓑ ヤクシマヤギ

県内ではここだけにしかいない小型のヤギ。ヤクシマヤギは茶系の毛色が普通だ。1000年以上前に中国や韓国から鹿児島県の屋久島に渡ってきたとされている。

Ⓒ アルパカ

ラクダの仲間。南米に生息する。ここのアルパカは、非常に価値の高い“ホワイト”だ。2014年に初めて繁殖に成功した。

楽寿園あるきのポイント

好きなところからのんびりと

　どの季節に来ても気持ちのよい公園内。いきもののいる広場はそう広くないので、好きなところから見ていこう。カピバラ好きなら、カピバラの見えるテーブルでの食事もおすすめ。

無料休憩所が2カ所ある。「お休み処　桜」「お休み処 紅葉」のうち、「桜」ではうどん、そば、ラーメンなどの軽食が食べられる。ラーメンはだしにこだわった本格派で、特に味噌がおすすめ。麺類の大盛りはプラス100円でできる。

施設情報　楽寿園

県内のほかの動物園と比較すると小規模だが、日本動物園水族館協会や、IZA7（伊豆地区の動物園／水族館の活性化のための協議会）にも加盟している。また楽寿園は平成24年9月に「伊豆半島ジオパーク」のジオサイトとして認定されている。

〒411-0036　三島市一番町19-3
☎055-975-2570

●開園時間／
〈4～10月〉9:00～17:00（最終入園16:30）
〈11～3月〉9:00～16:30（最終入園16:00）
●休園日／月曜日、年末年始

入園料
●大人／300円
●15歳未満／50円

交通情報
●JR三島駅南口より徒歩3分
●駐車場あり

イベント情報
ウマより小さなポニーで、小さな子ども（4歳以上）も乗馬を体験できる。土・日・祝日の11時と14時に整理券が配られる。

富士サファリパーク

ふじさふぁりぱーく

静岡県裾野市 ›››

DATA⇒P069

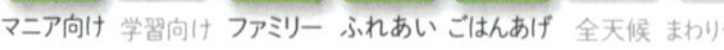

1.エランドと富士山
2.リカオン
3.シロサイの親子
4.ギュンターディクディク
5.イボイノシシ

革新を続ける森林型サファリ

　サファリパークと名のつく施設は日本全国にあるが、森林型サファリはここだけ。アフリカに生息するいきものの種も多様。より近くのデッキから観察できるウォーキングコースもある。

※サファリとは、アラビア語で「旅行」の意味。現在では転じて狩猟目的の旅行、または自然を再現した動物園のことを指す。日本でいうサファリパークの定義は、広大な土地に放したいきものを乗り物に乗って見学する方式をとる動物園を指すことが多い。

富士サファリパークあるきのポイント
手を替え品を替え、挑もう

サファリゾーンすべてを堪能するには最低でも2周は必要。マイカーでは何周しても無料だが、マイカー➡ジャングルバスorナビカー（P67）➡ふれあいゾーンやウォーキングなど散策➡マイカーのように、手段と時間帯を変えて挑むとまた違う雰囲気を味わえる。特に、帰ろうかなと思った時間帯のラスト1周は、季節を問わず動物の活動量がより高くなるはずなのでおすすめだ。

新感覚ウォーキングサファリ

全長2.5kmのウォーキングコース。うっそうと生い茂った森を探検するつもりで、ちょっとした運動におすすめ。点在する動物観察デッキは、アフリカの雰囲気たっぷり。少数派民族の暮らしを紹介したコーナーやエサをあげられるポイントも多数（有料）。3月下旬～11月30日。

A ヒグマ

意外にも超オススメないきもの。日当たりがよく広い場所で飼育された運動量の多いヒグマは、体格の良さはもちろん、毛並みの美しさが他の施設とは比べ物にならないのだ。よく後肢で立ち上がる。

B 木登りライオン

木登りしている姿を見られるのは、日本の動物園では珍しい。しかも木の下から見ることができるのはここくらいかも。

C 異種混同

さまざまな種が同時に観察できるのも草食サファリゾーンの大きな魅力の一つ。サイズにかなり差のあるムフロンとアメリカバイソンが争うこともなくエサを食べている。

マイナーなアフリカ生物たち

ライオンやゾウなどアフリカを代表するいきもののほかに、マニア必見のラインアップもあちこちにそろえられている。

※ふれあい牧場では、ディクデゥク類、イボイノシシとはふれあえないが、カンガルーやカピバラとはふれあうことができる

激レア

リカオン（どうぶつ村）

英語でPainted Dog（色を塗った犬）という名前の通り、イヌ科では珍しい、派手な色と柄をしている。イヌ科らしく群れで仲の良い姿を見ることができる。わかりやすい柄で個体を識別するのも楽しい。

激レア

トムソンガゼル（サファリゾーン／一般草食）

たくさんいるブラックバックに似ていて忘れがちだが、おなかの黒い模様が特徴。名前を知っている人は多いが、実際に見られる機会はとても少ない。

激レア

イボイノシシ（ふれあい牧場）

顔にある三対のイボのような突起が特徴。すぐ近くに展示されているミーアキャット（↖）とセットで、映画「ライオンキング」に登場する二人組の再現だ。

ディクディク類（ふれあい牧場）

超小型なウシの仲間。キルクディクディクとギュンターディクディクが飼育されている。ディクディク類は日本でここにしかいない。茂みに隠れているのでよく探そう（写真はギュンター）。

シマハイエナ（どうぶつ村）

ブチハイエナは有名だが、こちらは縞模様のハイエナ。より腐食性が強いといわれる。ロシアやインドの一部など、アジアにも生息する唯一のハイエナでもある。

ケープハイラックス（どうぶつ村）

いろいろないきものに似ているようで何かが違う不思議系小動物。爪などの身体的特徴は、ゾウに最も近いといわれている。動かないことも多いが、意外とジャンプや岩登りが得意。

♀

シタツンガ（サファリゾーン／一般草食）

背中や顔の白い斑点が美しいウシの仲間。東海地方での飼育は皆無で、一番近くても千葉まで行かないと見られない。

おすすめ

“絶対” に楽しいサファリナビゲーションカー

平日でもチケットが完売してしまう人気のジャングルバスも楽しいが、本書ではサファリナビゲーションカーがイチオシ。自分たちで運転ができ、通常のコースから外れ、ちょっとした裏側を楽しめる。マイカーでは窓を開けることは御法度だが、ナビカーには金網があるため、キリンとムフロンのゾーンでエサをあげることができる。エサやりできる場所や入れるオフロードは、搭載されているタブレットで確認できる。人数や子ども・大人に関わらず1台5,000円。5人乗りと7人乗りの車がある（予約は不要）。

タッチパネルを操作すれば、そこにいるいきものの解説も楽しめる。音声も流れるので運転手さんにも優しい

アミメキリンは長い舌を巻くように手から葉っぱをさらっていく

車と一緒に渡されるごはんセット。その瞬間がくるまでウキウキする

ヒツジの原種とされるムフロンには、奈良直送の鹿せんべいというのが面白い

車中から肉食動物にエサを与えることができるのは、ジャングルバスだけの特権

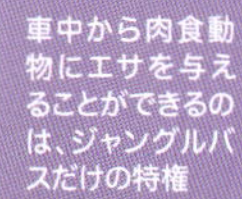

やっぱり乗りたいジャングルバス

動物をかたどったバスは、金網だけが遮るドキドキ空間。到着したら早めにチケットを購入しよう。バスの形と発車時刻を選ぶことができる（3歳以上：通常1,300円）。

アメリカンミニチュアホース

ポニーよりもだいぶ小さな品種のウマ。ここでは本物さながらのダービーレースが名物になっている。勝ち馬投票券を買っていたら、景品がもらえる（勝ち馬投票券は1枚100円）。走る姿があまり小さく感じないのは、小さいながらもポニーよりサラブレッドの体型に近いためだろう。土日にはパレードも行われている。

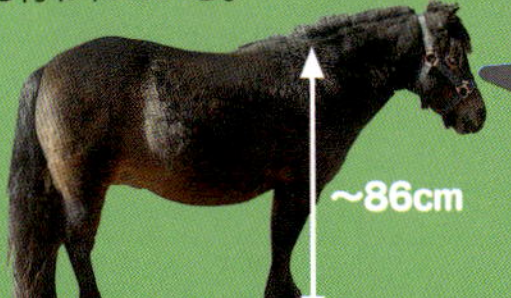

ミニチュアホースとは、地面から肩の高さ（体高）が3歳の時に86cm以下のウマのことをいう。ちなみにポニーは142cm以下のウマを指し、サラブレッドの平均は約160cm。

サファリレストラン

座席数は300席と広大。団体用のスペースも用意されている。ここ以外にもカフェ、パン工房、喫茶、テイクアウトのファストフードコートなどさまざまな食事処が点在する。

富士山カレー 900円

野菜だけでも7品目！たっぷり色とりどりの具が、富士山麓のサファリパークに見えてくる一品。辛いのが苦手な人でも平気な、ほどよい味

サファリショップ

オリジナル商品や動物グッズなど、ステキな商品がたくさんそろっている。

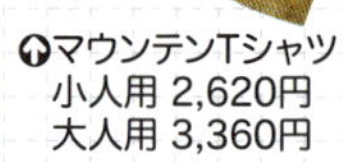

マウンテンTシャツ
小人用 2,620円
大人用 3,360円

全面プリントがインパクト大。今度これを着てまた来たい

オリジナルジャガードタオル ゼブラ柄 990円

シマウマの柄で勝負したタオル。グリーンのロゴが効いている

サファリ双眼鏡 920円

その日から活用できるアイテム。中にはオレンジ味のキャンディーが20個入っている

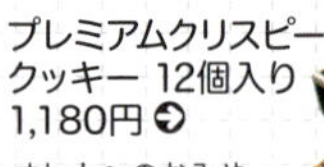

プレミアムクリスピークッキー 12個入り 1,180円

オトナへのおみやげ人気No.1。高級感あるお菓子

ジープ缶 1,620円

中のポテトチップスを食べたあとでも遊べるジープ缶。動物対策のバーもちゃんと動く

富士サファリパーク

●開園／1980年 ●面積／740,000㎡

印象的なTVコマーシャルで知名度は県内トップクラス。周辺にもアウトドア施設が多数ある。冬期には園内のサファリゾーンも含めタイヤ等の雪対策が必要となる。

〒410-1231
裾野市須山字藤原2255-27
☎055-998-1311

●営業時間／
〈3月16日～9月30日〉9:00～17:00
〈10月〉9:00～16:30
〈11月1日～3月15日〉10:00～15:30
●休園日／年中無休

●高校生以上／2,700円
●4歳～中学生／1,500円
●65歳以上／2,000円

《お得情報》
●富士サファリクラブ会員
年会費／入会費無料
入園割引／2,700円→2,000円
（4歳～中学生1,500円→900円）

※会員カードはお買い物や食事の度にポイントを貯められて、100ポイント貯まると次回1名が無料となる。ほかにも、ジャングルバスがWebで予約できるなど特典多数。

●東名高速御殿場ICから車で25分
●JR御殿場駅から富士急行バスで35分
●東名裾野インターから15分
●新東名高速新富士インター30分

●**サファリダービー** 出走時間 12:30

●**ミニチュアホースパレード** 13:30～14:00 ※土・日・祝日実施
見物のほか、ポニーに乗馬（体重50kgまで）、ミニチュアホースが引くカートに乗る（2名合わせて体重45kgまで）ことで参加もできる

富士花鳥園

ふじかちょうえん

静岡県富士宮市 ›››

DATA⇒P073

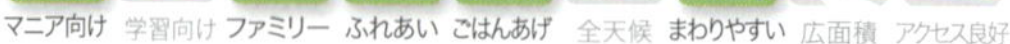

マニア向け 学習向け ファミリー ふれあい ごはんあげ 全天候 まわりやすい 広面積 アクセス良好

フクロウ好きなら這ってでも行きたい

フクロウ類に特化し、たくさんの種類を見ることができるバードパークである。周辺には高原や牧場を楽しむ名所も多いので、併せた観光もおすすめ。

1.アカアシモリフクロウ
2.ハリスホークの屋外ショー
3.温室
4.コガネメキシコインコ

みのがせない!!

A ヨゲンノスリ

アフリカに生息する大きめのタカの仲間。ほかに飼育している園はほとんどない。屋内バードショーにも登場する。

B ムラクモインコ

地味ながらも、一風変わった色合い。頭の黄色の部分の大きさの違いで、亜種がいくつか存在する。

C いろいろなコノハズク

中型～大型のフクロウ類は個別の展示室だが、小型のコノハズクは広いケージに4種ほど入っていて、ウォークイン可。微妙な違いを見比べるのが楽しい。

富士花鳥園あるきのポイント

気ままに歩けば自然にショー

温室の中に点在する大きな鳥かごを眺めたり、時には入っていくスタイル。基本的にフクロウ➡温室➡ショー会場の順で自然にたどり着くようになっているので、ショーの時間はあまり気にせず観覧できる。屋外ショーまで時間が余ったときはエミュー牧場でエミューと戯れるか、水禽のいる池の周りを散歩するのが吉。

鷹匠の投げた"ナス"のぬいぐるみを見事空中でキャッチするハリスホーク。一富士二鷹三茄子だ！

屋外ショーの強みはロケーションのよさ。天気がいい時は富士山をバックに飛ぶ鳥の撮影にチャレンジできる。※屋外ショー・期間限定

こんなにいるの？フクロウ類

入場口の建物に併設するフクロウ展示室は奥へ進むと広くなっていて、見応え十分。フクロウ仕様で暗めの照明なので、入り口を見逃さないようにするとともに足下に注意してご覧頂きたい。

フクロウの仲間は顔面を中心に個性豊かなものが多い。

ナンベイヒナフクロウ
童顔ならぬヒナ顔

珍しく地面の穴に巣をつくる

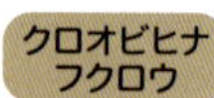

くちばしのビビットな色合いが奇抜

メンフクロウのそっくりさん

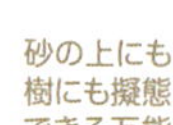

砂の上にも樹にも擬態できる万能な羽色

アメリカワシミミズク
アメリカ大陸最大のミミズク

オナガフクロウ
小さなからだに不釣り合いなほど尾羽が長い

エミュー牧場

エミューが放し飼いにされている。森をそのまま利用しているので、雰囲気たっぷり。高い身長と、低い声に驚くかもしれないが、ヒトにはおとなしい。必要以上に怖がらず、ふれあってみよう（エサ100円）。

ロリキートたちも豊富

原色の美しいインコ。この仲間が数多く展示されていて、ふれあえる（エサ100円）。微妙に違う色合いを楽しもう。人懐っこい鳥ばかりだ。

花の下のレストラン

静岡県を代表するB級グルメ、富士宮焼きそばが食べられる認定店である。

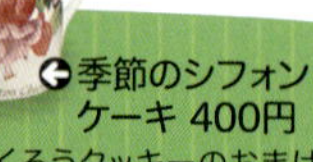

季節のシフォンケーキ 400円
ふくろうクッキーのおまけが嬉しいふわふわケーキ。ドリンクセットは700円

手作りふくろうクッキー
大サイズ（1枚200円）
一口サイズ（6枚入り300円）
一つ一つ違う表情に注目

富士宮焼そば 630円
たっぷりのキャベツ・肉かすと濃厚に絡んだソースがおいしい！（大盛り780円）

富士花鳥園

●開園／1992年 ●面積／95,700㎡

鳥以外の見どころは、1,000株以上のベゴニアと無数に垂れるフクシア。温室の中では一年中咲き乱れる。花好きの人にもおすすめできる施設。

〒418-0101
富士宮市根原480-1
☎0544-52-0880

●開園時間／
〈4月1日～11月30日〉 9:00～17:00
〈12月1日～3月31日〉 9:00～16:30
●休園日／年中無休

●大人（中学生以上）／1,100円
●小学生／550円
●幼児（未就学児）／無料
●シニア（65歳以上）／880円

●西富士道路を経由し、「もちや」から国道139号を北上した道路沿い富士山側
東名富士インターより約40分バス「富士丘入り口」か「道の駅朝霧高原」で下車、徒歩で10分
●無料駐車場あり

●**バードショー**／10:30、13:30、15:00

各ショー後はフクロウを腕に乗せたり写真撮影することもできる（300円～）。
エミュー、インコ、水禽、ウサギにはいつでもエサ（100円）をあげられる。
ペンギンのエサは200円。

いきもの
写真館
色&模様編

静岡市立 日本平動物園

しずおかしりつにほんだいらどうぶつえん

静岡県静岡市 ›››

DATA ⇒P081

希少動物の繁殖にも取り組む動物園

　天候にとらわれず観覧できる「猛獣館299」や「は虫類館」「オランウータン館」など数多くの屋内施設（一部半屋外）が点在している。レッサーパンダとオオアリクイの国内血統登録を担当し、全国の動物園と提携しながら稀少生物の繁殖に取り組んでいる。哺乳類・爬虫類・鳥類など幅広い種類が展示されているので、誰でも新たな発見と、お気に入りのいきものが見つかる。

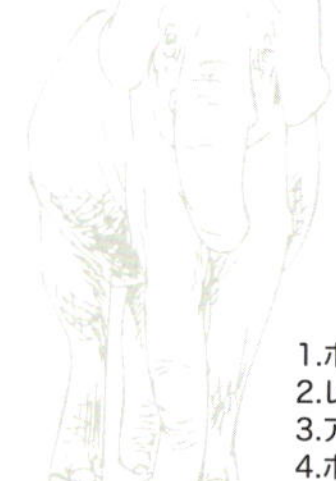

1.ホッキョクグマ
2.レッサーパンダ
3.アメリカバイソン
4.ホウシャガメ

みのがせない!!

A ジャガー

黄色と黒色の個体が両方みられる動物園は全国的にも少ない。トラ、ライオンに次ぐ大きなからだを近くで実感してほしい。

B オオアリクイ

世界最大のアリクイ。長い顔もさることながら、ふさふさの尾、不思議な模様など見逃せないポイントがたくさん。

C ツチブタ

「夜行性動物館」の中で最大の動物。アフリカに生息する不思議ないきもの。驚くほど活発に動く。独特のよく動く鼻や耳をチェック!

D ヒゲワシ

日本でここにしかいない猛禽類。一度見たら忘れない奇抜な顔をしている。知能が高いことでも知られ、上空からカメなどの固いいきものを落として割って食べる。

日本平動物園あるきのポイント

屋内施設をひとつ残らず

全体的にゆるやかな坂に隙間なく、いきものが展示されている。「猛獣館299」は、1階だけでなく、ネコ科を中心とする2階・3階も必ず行ってほしい。

後半に点在する屋内施設も残さず訪れたい。午前中は、推奨される順路とは逆回りをすると、各施設内の混雑を避けられじっくり見られるかも。

猛獣館299

「肉食う」と「肉球」が名前の由来

大きな肉食獣を中心に展示されているが、小さなマングースの仲間・ミーアキャットやゴマフアザラシなど、一見「猛獣??」と思ってしまういきものも。それが、この「299」のこだわりなのである。ライオンのすむアフリカのサバンナと、ホッキョクグマのすむ北極海の生態系を再現している。

ホッキョクグマ

野生のホッキョクグマはアザラシをエサにする。のびのびと眠る姿をみていると忘れがちになるが、すぐ横の水槽を泳ぐ、たくさん脂肪を蓄えたアザラシと見比べると、このクマが地球最大の肉食動物であることを思い出させてくれるはずだ。

ピューマ・ジャガー

ピューマとジャガーは、トラとライオンに比べればマイナーかもしれない。ピューマは北米、ジャガーは南米を代表するネコ科の仲間で、それぞれの大陸のネコ科で最大になる。動物にもヒトにも脅威になりうる2種。その強さの秘密を探ってみよう。

コラム

「寝てばかりでつまらない?」

猛獣は、寝姿がつきもの。なぜ寝てばかりなのかは、“食う食われるの関係”を考えるとわかる。常に他に食べられる危険性のあるいきものは、よく寝ていたら生き残れない。眠りが浅かったり、すぐ逃げられるような姿勢で寝たりと、生きるために大忙し。一方、猛獣と呼ばれるいきものたちには、その心配がなく、逆にいきものを探したり追いかけたり殺したり食べたりすることに最大のエネルギーをまわさなければならない。そのためにも長い休息が必要になる。

多くの猛獣が夜行性あるいは薄明薄暮性（明け方前や日没後から活動すること）なので、私たちが動物園から出るくらいが彼らの本番。そもそもタイミングが合わない。起きていたらラッキーくらいのつもりでいてほしい。どうしても活発な姿をみたかったら、開園直後か閉園直前、またエサの時間を狙う、あるいは夜開園などのサービスを利用するのもいいかもしれない。

は虫類館

苦手と言わずに入ってみよう

2011年に完成した施設。ヘビ・トカゲ・カメ・ワニなどの爬虫類に加え、両生類も展示されている。地を這う仲間たち、水中に暮らす仲間たちを、さまざまな角度から楽しめる構造になっている。目の高さまでカメたちがのしのしと歩いてくる「リクガメの回廊」と呼ばれるスペースでは、長時間足をとめて観察する人も多い。

独特なポーズでとぐろを巻くエメラルドツリーボア

ホウシャガメ(黒)とヒョウモンガメ(黄)が目の前でエサを食べている。ホウシャガメはマダガスカルの固有種で希少

クチヒロカイマン。ワニが水面に顔を出しているとき、体はどうなっているのかわかる

ニシキマゲクビガメ。顔にクリーム色の模様があるのが特徴。この水槽には他にカブトニオイガメやチリメンナガクビガメなどがいるが、同じ種類で固まっていることが多いようだ

カーペットニシキヘビ。「は虫類館」にはオオアナコンダやビルマニシキヘビなどの巨大なヘビがいるが、この種は比較的小型で地味。かわいいと感じる人も。初めてみる人は、ヘビの多様性に驚くことだろう

どうしても、さわりたいという方は「ふれあい動物園」に行こう。ボールニシキヘビが、出張中！ヘビとのふれあいは不定期開催

"青い舌"に注目 ヒガシアオジタトカゲ

フライングメガドーム

超巨大鳥かご

こちらも2011年に完成。中に入っていける鳥類の展示場としては、日本最大級。橋を渡って上陸するつもりで、鳥たちのすみかにお邪魔しよう。

モモイロペリカン

メガドーム内最大の鳥。集まると壮観だ

インカアジサシ

シャッタースピードを調整して飛翔シーンの撮影に挑戦してみては

ショウジョウトキ

木々の中に鮮やかな赤い集団をつくり出している。裏口の観察デッキからのほうがより見やすい

レストハウスほか

思わず写真を撮りたくなるスイーツメニューがたくさん。もちろん麺類やカレーなどの食事も充実。

たいらちゃんサンデー➡
ピーチマンゴー 380円
シロップはチョコレート・ストロベリー・抹茶・ピーチマンゴーから選べる。たいらちゃんクッキーは売店でも買える

しろくまラテ➡
280円
立体的でかわいいラテアート。299（肉球）もついている

⬆ココアザラシ
180円
アザラシのマシュマロがぷかぷか。超お手頃価格

⬅しろくまアイスケーキ
280円
メガドーム横のレストハウスで食べられる。スポンジと冷え冷えのアイスチーズクリームが溶け合う

「動物たちのもり」

エントランスゲートには「動物たちのもり1」と「動物たちのもり2」がある。オーソドックスなギフトショップの1はファンシーな人気商品が多数。2は土・日・祝日にオープンする。静岡土産や地場産品などが中心。

カステラスク
『シロクマ』500円➡
一口サイズになったかりかりのカステラがやみつきになる一品。しろくまアイスケーキと同じく、静岡市の人気ケーキ店「リュバン」の特製

ムニュマム
動物ストラップ
380円⬆
丸々してかわいいのにレッサーパンダ、マレーバクとしっかりわかるデフォルメ具合

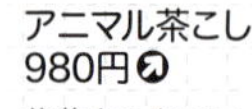

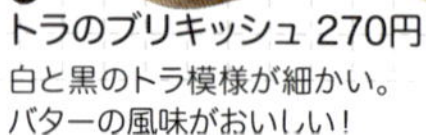

アニマル茶こし
980円↗
茶葉を入れてコップにかけておくだけのインフューザー。飲むのを忘れてしまいそう（コップは別売り）

動物園のご近所「池田の森ベーカリーカフェ」の手作りパン

↗
トラのブリキッシュ 270円
白と黒のトラ模様が細かい。バターの風味がおいしい！

⬅ロッシーパン 270円
もちもちの生地にチョコが詰まっている

静岡市立 日本平動物園

●開園／1969年 ●面積／130,000㎡

2013年には大々的な再整備が完了し、すっかり近代的な動物園のイメージが定着した。生物の種類数は地方市立動物園の中では上位に位置する。比較的回りやすいので、一定の時間でみられる種類数で比べればかなり充実している。

〒422-8005
静岡市駿河区池田1767-6
☎054-262-3251

●開園時間／9:00〜16:30
（最終入園16:00）
●休園日／月曜日（祝日または振替休日の場合は翌平日休み）、年末年始

●大人（高校生以上）／610円
●小・中学生／150円
●未就学児／無料
※年間パスポート　一般／2,400円
　　　　　　　　　小・中学生／600円

※静岡市内の小・中学生は証明提示で無料

●JR東静岡駅より、しずてつジャストライン「静岡日本平線」で10分

季節により「春の動物園まつり」「秋の動物園まつり」が開催される。人数限定でさらに近くで観察できたり（対象はこれまでにシロサイ、チンパンジー、クチヒロカイマンなど）、猛獣（ジャガー、ピューマ）にごはんをプレゼントできる特別イベントが行われる。普通では入ることのできないバックヤードに特別に入れたりと、オトナ人気も高い。

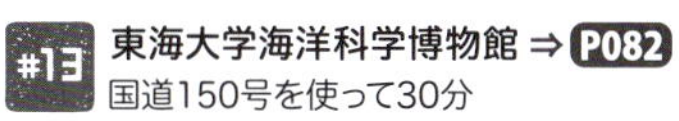
#13 東海大学海洋科学博物館 ⇒ P082
国道150号を使って30分

東海大学海洋科学博物館

とうかいだいがくかいようかがくはくぶつかん

静岡県静岡市 ›››

DATA ⇒P087

マニア向け 学習向け ファミリー ふれあい ごはんあげ 全天候 まわりやすい 広面積 アクセス良好

1.クダゴンベ
2.海洋水槽
3.駿河湾の深海生物標本
4.メクアリウム
5.モンハナシャコ

海を科学する、大人も学べる水族館

大学付属水族館は国内ではそう多くない。研究の一環で採集された豊富な生体、長年の標本コレクション、研究機関らしい学習性たっぷりの展示など、未来の研究者を生み出すドキドキの水族館だ。

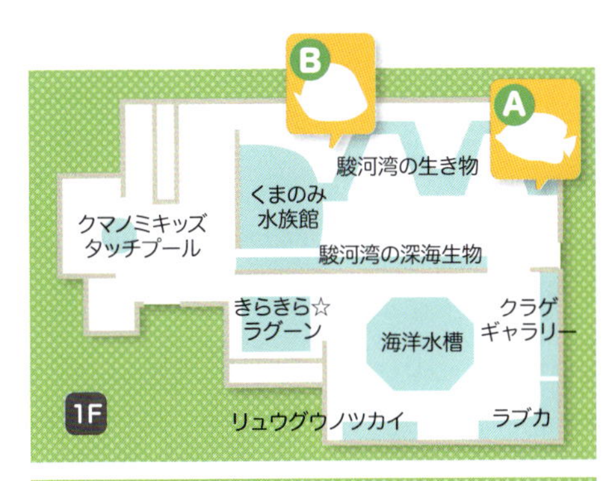

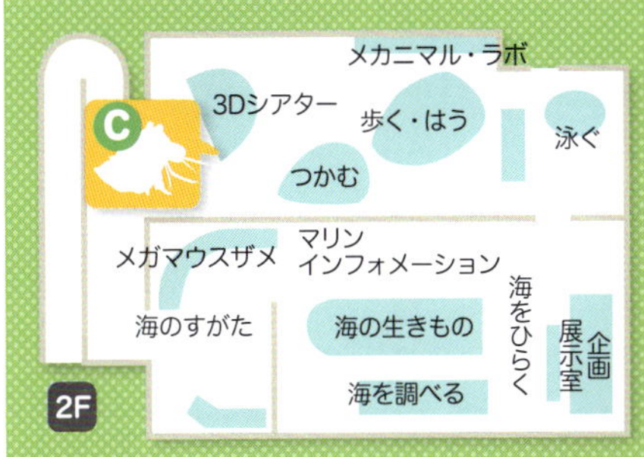

みのがせない!!

A カスミチョウチョウウオ

からだに富士山をもつ魚として話題になった。ほかのチョウチョウウオも多い水槽なので気をつけて探そう。

B ヒメコンニャクウオ

ウロコのないブヨブヨしたからだ。駿河湾では水深1,000mのところにすむ。2008年に新種として記載された。なかなかみることのできない深海魚。

C モンハナシャコ

3Dシアターの前の小さな水槽にいるので見逃しがち。脚のパンチ力は海洋生物最強と名高い。美しい模様にも注目。

東海大学海洋科学博物館
あるきのポイント

できる体験は隅々までやってみよう

順路通り進もう。タッチプールでヒトデなどを触るのもお忘れなく。

体験型の学習装置

よく「石の下」にいきものがいるけど、どうなっているんだろう？という疑問が解決する展示。水槽の下に潜り込めるだけでなく、照明のスイッチを操作できる。

クッションのような
マンジュウヒトデ

海の波にもまれるいきものの動きがわかりやすい。波を自分で起こすことができる

海洋水槽

縦10m×横10m、深さ6m、600㎥を誇り、約50種1000匹以上が泳ぐ水槽。県内の水族館でみられるサメとしては最大級（約3m弱）のシロワニが見もの。水槽の中の小さな魚を食べないようにとスタッフが潜水し直接給餌しているという。

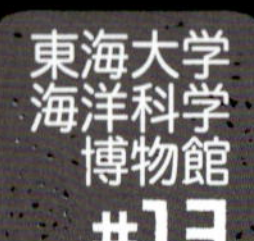

見慣れない魚続出の「駿河湾の生き物」水槽

主に駿河湾から集められたいきものの水槽が並ぶ。調査船を所有する大学付属水族館の強みだ。奥にいくほど、深海に近づいていく仕掛けにウキウキが止まらない。

ナルトビエイ

成長すると大水槽に移動させることが多いエイの子ども。活発に泳ぎ回るのにすぐ近くでみられるのがうれしい。

イトヒキアジ

幼魚の頃にある糸のように長く伸びた背びれと臀びれが特徴。個体数が多く、ギラギラしたうろこも相まって豪華絢爛な水槽だ。

ツノハタタテダイ

ハタタテダイの仲間には、何もつかないハタタテダイ、ミナミ、ムレ、オニ、シマなど数種類がいるが、一番地味で、展示されることも少ない印象なのがこのツノハタタテダイだ。頭の上の突起物が名前の由来。

アオチビキ

見慣れない大きな魚。小笠原諸島など南日本に生息する。アオチビキ属にはこの1種しか存在しない。

鯨骨生物群衆
（けいこつせいぶつぐんしゅう）

深海では、死んで海底に沈んだクジラの遺骸周辺に突発的な生態系が生まれることがある。この水槽では実物の骨でその様子を再現している。

ルリハタ

ハタの仲間では珍しい色合い。レモンイエローのラインも目を引く。サクラダイの水槽にいる。

巨大ミズダコ

ミズダコは世界最大のタコだ。ここでは、特大級のミズダコをみることができる。タコの仲間はどんなに大きくなる種でも寿命は長くない。そのためバックヤードでは常に複数のタコが育てられているという。

クラゲのような透明のものが浮いている。これはタコの吸盤の“抜け殻”。吸盤だけ脱皮して吸着力を保つのだという。

吸盤の抜け殻

赤ちゃんは一度にたくさん生まれるので管理も大変

数々のクマノミが一堂に会する「くまのみ水族館」

世界には約30種類のクマノミが存在していると言われている。ここではそのうちの約20種が展示されている。オレンジ色のクマノミしか知らなかった人には新しい世界が広がるはず。

くまのみ水族館の奥の階段を上がっていくと、水槽の裏側を誰でもちょっとだけ観覧できるようになっている。そこでクマノミの赤ちゃんたちにも合える。

バリアリーフアネモネフィッシュと赤色の卵

胸びれで海水を送るワイドバンドアネモネフィッシュのお父さん

セバエアネモネフィッシュ

生後9カ月の

ワイドバンドアネモネフィッシュ

激レア

マックローキーズアネモネフィッシュ

オーストラリアの一部の島にしか生息していない。クマノミの仲間のどの種類とも完全に異なっており、オレンジの色素を全く持たない。

ハナビラクマノミ

淡い色合いがかわいらしいクマノミ。日本でも沖縄などでみられる。

さまざまな成長過程のクマノミをみていると成長の変化を感じる。種類にもよるので一概には言えないが、思ったより長く生きる魚で、飼育下では20年以上生きているクマノミもいる。

水温を各水槽で調整しているため、季節を問わず頻繁に卵の世話をするクマノミをみることができる。クマノミ類は、主にオスが卵に新鮮な海水を送る。実に甲斐甲斐しい。

標本ピックアップ！1階海洋水槽ヨコ編

リュウグウノツカイ

リュウグウノツカイ

成魚のオス（4.9m）とメス（5.2m）に加え、稚魚までみられる貴重な展示。子どものときにも頭のタテガミ（実際は背びれが変化したもの）と腹びれが異様に長いことが確認できる。

ラブカ

サメの中では最も原始的とされる稀少種だが、駿河湾の深海からサクラエビ漁で水揚げされることが多い。卵黄をもつ胎児が母体の中で育つ過程の標本が見もの。さまざまな妊娠時期の母ラブカが発見されたために成立する展示。激レア中の激レアだ。

激レア

ラブカ

標本ピックアップ！1階駿河湾のいきもの&2階編

駿河湾のいきものの水槽のフロアに美しく並んだ深海生物の標本は約170種。立体感のある大きな図鑑といった風情。生体を楽しむのもいいけれど、こちらも必見。

メガマウスザメ

1976年に初めて発見されたばかりのサメ。これだけの大きさにも関わらず世界的にも発見例が少ない。駿河湾の深海にも生息していると思われる。この剥製は、2003年に御前崎市で発見されたオスで、メガマウスザメの剥製としては世界初のものだった。2014年静岡市で水揚げされたメスも今後剥製になり展示される予定。

チョウチンアンコウ

名前は有名だが、発見例の少ない魚だ。これだけの大きさの標本は他ではみられない。

スジダラ

頭に対し、尾が極端に細い。

ホテイエソ

口の近くに大きな発光器がある。

シリブトシャコ

大型のシャコ。尾の太さが特徴。

ミュージアムショップ

「海のはくぶつかん」らしい好奇心をくすぐるいきものギフトがそろう。海にまつわる専門書・図鑑や絵本も豊富。クマノミグッズも多い。

国内各分野からそろえられた海洋生物の専門書・飼育書もずらり

オリジナルブロックメモ 702円

人気者たちが四方を囲むメモ。少し使ったら飾っておきたい

クマノミinイソギンチャクキーホルダー 630円

黒とオレンジが溶け合うラインの色がリアルすぎる一品

クマノミストラップ 330円

いつもクマノミを連れて歩けるストラップ

シェルランプ ヒオウギ 1,410円

明るいときは素敵なオブジェ、暗いときは優しい間接照明に

クマノミスプーン 大 330円 小 270円

クマノミらしいオレンジ使いがいつもの食卓を楽しく

ガラス細工 ハゼ 330円

丸い目玉がかわいいハゼ。チョウチョウウオなども

ドウメ～ラ！ 540円

深海魚が料理された奇妙で珍味なお土産。開封したらそのまま丸ごと食べられるのが新しい。その正体は静岡県産深海魚メギス

東海大学海洋科学博物館

- 開館／1970年
- 延べ床面積／6,379㎡

2階は科学博物館のほかに機械水族館があり、「メカニマル」という独自の展示が楽しめる。隣接する「恐竜のはくぶつかん 自然史博物館」も楽しみたい方は共通券（1,800円）がおすすめ。自然科学にまつわる、あらゆる好奇心が刺激される施設。

〒424-8620
静岡市清水区三保2389
☎054-334-2385

- 開館時間／9:00～17:00
- 休館日／火曜日（祝日を除く）
  12月24～31日
  ※春休み・GW・7～8月の火曜日は開館

- 高校生以上／1,500円
- 子供(4歳以上)／750円
- 年間パスポートあり／3,500円
  ※インターネットでの申し込みは100円引き

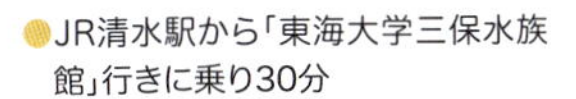

- JR清水駅から「東海大学三保水族館」行きに乗り30分

- **2F 3Dハイビジョンシアター**
  〈平日〉10:10、11:10、13:40、14:40、15:40
  〈日曜・祝日〉10:15、11:15、12:00、12:15、13:45、14:45、15:45、16:30
- **2Fメカニマルプール実演**／10:30、11:30、13:00、14:00、15:00、16:00
- **1F津波実験**／10:00、11:00、12:00、13:00、14:00、15:00、16:00

日本平動物園 ⇒ P076
国道150号を使って30分

いきもの
写真館
いただきます&おやすみなさい編

掛川花鳥園

かけがわかちょうえん

静岡県掛川市 ›››

DATA⇒P095

マニア向け 学習向け ファミリー ふれあい ごはんあげ 全天候 まわりやすい 広面積 アクセス良好

満足度満点のバードパーク

旅行会社による人気動物園のアンケートなどに常にランクイン。来園者のおよそ半数がリピーターという、満足度が非常に高いバードパークである。満足度の高い理由は、何と言っても“ふれあい”の楽しさ。ここでは多くの鳥にエサをあげたり、肩にのせたりすることができ、ヒトに慣れた鳥が多いので苦手な人でも自然に距離が縮まっていく。何回も訪れれば馴染みの鳥もできるはずだ。

1.ニシムラサキテボシドリ
2.オオオニバスが浮かぶプール
3.温室内を大群で舞うコガネメキシコインコ
4.クロツラヘラサギ

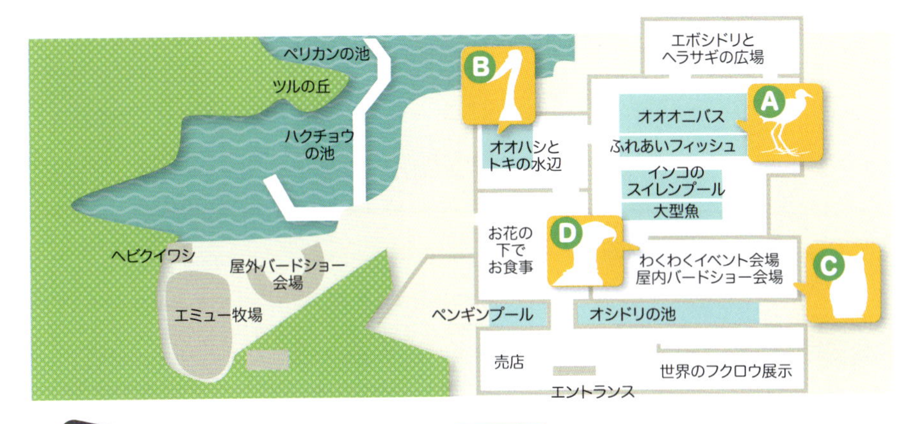

A アフリカレンカク

国内の園では珍しい"レンカク類"。巨大な脚でハスの上をすいすい歩く。温室を飛ぶ鳥に気を取られていると見逃してしまうかも。

B クラハシコウ

巨大なのに大人しいためか気づかないことも多いという。国内で見られるのはたった2カ所。本州ではこの一羽のみ。

C アフリカオオコノハズク

威嚇時と擬態時で大きく様相が変わることで知られる。テレビでも取り上げられた有名な小型フクロウだ。平常時の姿を楽しもう。

D カンムリカラカラ

ここでしかショーを行っていない猛禽。通常は屋内バードショー会場の片隅でみられる。ケージは木々で隠れているので注意。

掛川花鳥園あるきのポイント

朝と夕の来園がおすすめ

ショーの時間に気をつけながら、一つ一つのゾーンをゆっくり楽しみたい。いきなりふれあいが怖い人は、入園してすぐのカモやペンギンの池で鳥との距離をつかみ、鳥に慣れておこう。

おすすめ来園時間は、朝と夕方。なぜなら、鳥たちがおなかをすかせているから。また、平日は1回分のエサの量が多く売られている。入園者数で量が調整されているので、エサやりを楽しみたい人はこの辺りの事情を考慮してみて。

掛川花鳥園 #14

ベンガルワシミミズクの地面を走る見慣れない姿も見られるかも

ヘビクイワシ

ヘビ

全国でもここだけのバードショー

鷹匠が腕をふるうバードショーは、近年は動物園でも身近なものになってきたが、ここで見られるヘビクイワシのショーは、全国でもここだけで非常に珍しい。獲物に見立てた模型に、宙を舞いながら蹴りを入れる。野生でも特にヘビに向けて行われる習性であることから、ヘビクイワシと呼ばれる。ほかにもフクロウやタカ、インコやアヒルなども登場する。

ベンガルワシミミズク、クロワシミミズクは顔の近くまで飛んでくるが、大きなフクロウ類でもまったく羽音をたてないのがわかる。

ルリコンゴウインコ
フクロウ類と違い、豪快な羽音がする。飛ぶ位置も低く、ちょっと危なっかしい。

エボシドリとヘラサギの広場

世界でココだけ!? ふれあえるクロツラヘラサギ

エボシドリの他にクロツラヘラサギという、アジアに生息する鳥がいる。黒い顔と、しゃもじか靴べらのようなくちばしが特徴のこの鳥は、野生個体数はわずか3,000羽たらずの絶滅危惧種で、世界的にも超希少種だ。

ここのクロツラヘラサギは驚く程人懐っこいので、専用のエサを持っていれば寄って来る。くちばしを当ててくるが、ぺらぺらのプラスチックで撫でられているような感触で、まったく痛くない。お子さんや鳥が苦手な人には、最もおすすめできるふれあいバードだ。

エボシドリの仲間は、森林地帯に生息するため多くが美しい緑色をしている

オオハシとトキの水辺

水辺に生息する鳥が集まるこのゾーンも癒やしポイントが高い。人気投票の常連で、大きなくちばしが目立つオニオオハシは、肩の上でリンゴを器用に食べてくれる。シギやトキなどは、くちばしが細いので怖いと思うかもしれないが、力は弱いので痛くない。

オニオオハシはブラジルの国鳥だ

青い目が美しいシロトキ

最も数の多いクロエリセイタカシギ

全身朱色なのはショウジョウトキ

おしゃれな冠羽をもつオウギバト。力が強いのでカップのままあげよう

コウノトリの仲間・クラハシコウ

見逃せないのが、このゾーンのボス的存在のクラハシコウという鳥。最も背の高いコウノトリの仲間だ。くちばしの上についた黄色い肉が鞍のようにみえることからこの名がついた。黒くてわかりにくいが、アンバランスな程大きな目がかわいいのだ。この鳥のエサはワカサギ専門で、投げると上手にキャッチする。どのゾーンにもその鳥に合ったエサが用意されているので、よく種類を見極めて間違えずに、あげよう。

このクラハシコウのチャームポイントと名高いハート形。この園の「モロ」は推定オスで、独身だ

掛川花鳥園 #14

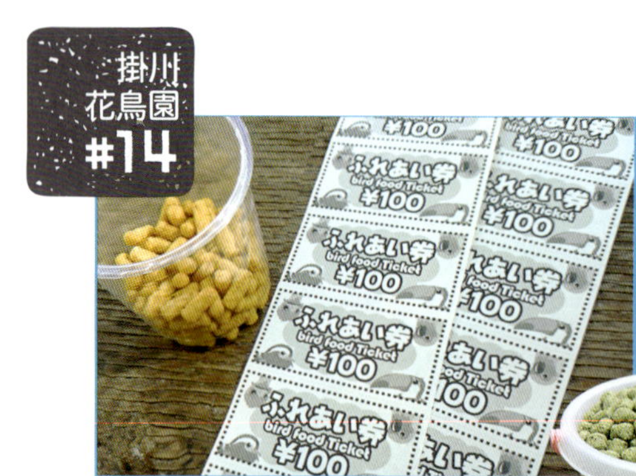

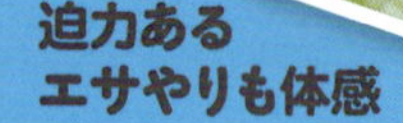

迫力あるエサやりも体感

ピラルクやアリゲーターガーなどの肉食魚にエサをあげられる池もある。冷凍エビをトングで見せると寄ってきてじっと待っている。エビはすごい勢いと水しぶきを伴って一瞬で吸い込まれる。ちょっと怖いが、かわいい鳥たちに癒やされる最中の、よいスパイスになるはずだ。

エサをお得にゲット!!

掛川花鳥園であげられるエサは、鳥の食性や大きさに合わせ数種類、その他魚のエサも用意されている。値段も100円から1,000円までさまざま。そこで便利なのが500円の回数券。6枚ついて100円分お得。グループで共有して使うのもおすすめ。

屋外にいる水辺の鳥全般が食べるエサ。メガ盛りタイプ。500円タイプもある

売店

フクロウの展示場に併設される売店。温室内では花の販売も。

手づくり石けん 750円
色も香りも素敵な手づくりの石けん。ちょっとしたお礼やプレゼントに最適。

カスタードフィナンシェ 870円
お菓子の人気No.1商品。定番ながら喜ばれるお土産

ヘビクイワシのシリアルボウル 865円
シックなデザインのボウル。しっかりとヘビクイワシとわかるのが嬉しい

ヘビクイワシぬいぐるみ 1,300円
掛川花鳥園オリジナルのぬいぐるみ。他では買えないレアなチョイス!

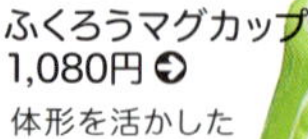

ペンポーチ 1,300円
セキセイインコのリアルでかわいいポーチ。黄緑色と水色の2色あるので、両方欲しい!

ふくろうマグカップ 1,080円
体形を活かしたマグカップ。フクロウのイメージといい、温かいものを入れて飲みたい

掛川花鳥園

●開園／2003年 ●面積／7,000㎡

観光施設の温室としては日本最大級。食事は天井の花々を楽しみながらのバイキングがおすすめ。季節によって変わるメニューが好評。

〒436-0024
掛川市南西郷1517
☎0537-62-6363

●開園時間／
〈平日〉9:00～16:30
（最終入園16:00）
〈土・日・祝日〉9:00～17:00
（最終入園16:30）
●休園日／年中無休

●大人（中学生以上）／1,080円
●子供（小学生）／540円
●幼児（6歳未満）／無料
●シニア（60歳以上）／865円

●JR「掛川駅」より徒歩15分
またはバスで10分
●無料駐車場あり

●**バードショー**／10:30～、13:00～、15:00～（内容はすべて異なる）
※13:00の回は、「KKE研究発表会」
ショーが終了するごとに、「フクロウを乗せてみよう」が開催される

●**カモを乗せてみよう**／13:30
●**しっぽなちゃんのフクロウフライト**／12:00（平日は12:15～）※先着10名
●**ペンギンと記念撮影**／11:00、14:00 ※先着10組
●**ペンギンにごはんをあげてみよう**／10:00、15:30

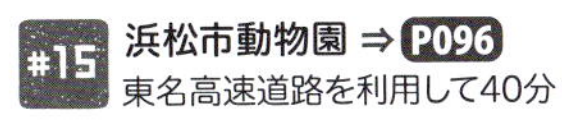

浜松市動物園 ⇒ P096
東名高速道路を利用して40分

浜松市動物園

はままつしどうぶつえん

静岡県浜松市 ›››

DATA⇒P099

マニア向け　学習向け　**ファミリー**　**ふれあい**　ごはんあげ　全天候　まわりやすい　**広面積**　アクセス良好

広大な土地を活かしたスケールの大きな展示

浜名湖を望む緑豊かな丘に位置する市営動物園。多種多様な霊長類の展示が見物。大型のものは県内では唯一のニシローランドゴリラなどの類人猿、オナガザル科やキツネザル科など中型の世界各国のサル、手のひらほどにおさまる小さなキヌザルの仲間まで。そのほかに水鳥の仲間や肉食獣の仲間なども充実している。ハイキング気分で一種ずつゆっくりと見物したい。

1.ゴールデンライオンタマリン
2.コツメカワウソ
3.水禽池
4.アムールトラ
5.アメリカビーバー

みのがせない!!

A コツメカワウソ

カワウソの仲間は県内ではここにいるだけ。側面がガラスになった展示場のため陸上と水中の姿をみることができる。

B ヤマアラシ2種

カナダヤマアラシとアフリカタテガミヤマアラシが両方飼育されているのは珍しい。実は彼らは背中に針があるネズミの仲間という共通点のみで分類的には遠いといわれている。相違点を探してみよう。

カナダヤマアラシ

アフリカタテガミヤマアラシ

C 水辺の鳥たち

少し地味な存在だが、水辺に暮らす鳥（水禽）の仲間が充実している。マガンのほか、カナダガンもいる。ガンの仲間が豊富な動物園は稀少である。

マガン

カナダガン

浜松市動物園あるきのポイント

歩きやすいペースを心がけよう

県内随一の面積に加え、高低差が30m弱あり、浜名湖を見下ろす撮影ポイントも。足腰の弱い人は、休憩所も押さえておこう。疲れやすい靴はやめたほうがいいかも。この日は重点的に小動物コース、鳥コースなど取捨選択する一日があってもいい。

ふれあいコーナーで一休みするのも、ひとつの手

浜松市動物園 #15

ゴールデンライオンタマリン

ジャングルの宝石、キヌザル類

いずれも小さな霊長類。葉の間をすばしこく動き回っている。彼らがこうした環境で身を隠しながら生活しているのは、深刻な森林伐採の影響を受け、棲み家を減らしていることも意味している。ペットとして重宝されることもあり、すべての種が絶滅の危機に瀕している。

ここでは5種類みることができる。一つ一つが個性的だ。キヌザルの中でも大型で、美しい金色の体毛がひときわ目を引くゴールデンライオンタマリンは、日本ではこの動物園にしかいない。

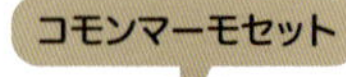

写真撮影が難しいのが玉にきず。時間をかけて挑戦してみよう

クロミミマーモセット

シロガオマーモセット

ワタボウシパンシェ

ライオンとトラ

ライオンとトラの広い放飼場が名物。ライオンのスペースは、岩を生かした自然味溢れるつくり。岩の上で堂々と前肢を投げ出し座る姿は、多くの人がイメージするライオン像そのものではないだろうか。トラのスペースは、竹林と池が特徴的。アムールトラは中国やロシアの高山に生息する。竹林の間からヌッと姿を現すとき、派手な模様がどのようにカモフラージュされるのかがわかる。

ライオンとトラのスペースは、背中合わせになっているので、飽きるまで何周もしてみよう。また両者とも午後3時頃になると、室内に入ってエサを食べるところまで見学することができる。

施設情報

浜松市動物園

●開園／1950年 ●面積／289,000㎡

浜松フラワーパークと園内で隣接し、共通券も販売されている。1950年に浜松城公園に開園したが、1983年に移設。面積が約6倍に拡張した。また公営の動物園としては非常に珍しく、定休日がない。

〒431-1209
浜松市西区舘山寺町199
☎053-487-1122

●開園時間／平日9：00〜16：30
（最終入園16：00）
●休園日／12月29〜31日

入園料

●大人（高校生以上）／410円
●中学生以下／無料
●満70歳以上の高齢者
障害者（手帳所持者）／無料
●年間パスは820円という破格の安さ

交通情報

●JR浜松駅より「舘山寺温泉」行きのバスで約40分、「動物園」で下車
●駐車場200円

イベント情報

●動物たちのお食事タイム

アジアゾウ／14:00
カリフォルニアアシカ／14:45
フンボルトペンギン・サル・ライオン・トラ／15:00
アミメキリン／15:00

●ふれあい広場（土・日・祝）

ウサギとのふれあい／13:30

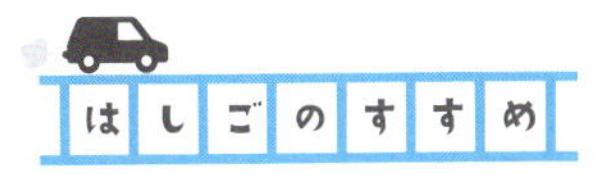

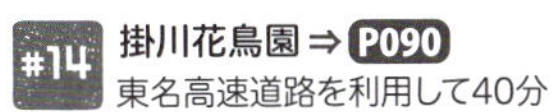

東名高速道路を利用して40分

column

動物園にいるいきものは家で飼えるの？

動物園のいきものを見て、「うちで飼いたい！」と思ったことはありませんか？いきものを飼うために必要なものは何でしょう？水・ごはん・おうち・ベッド・トイレ？人間に不可欠なものは、どのようないきものにも大抵必要です。さらにいきものによっては、人間よりもたくさんごはんを食べたり、ずっと涼しい場所に住まなければならなかったり、熱い光を浴びなければいけなかったりと、住みやすい環境を作ってあげなければ、長生きはできません。

家に迎えること自体が難しいいきものもいます。外国産であれば空輸などの必要があります。多くのいきものは輸送のためのケージも大きさに合わせて専用に作らなければなりません。その費用は家庭に迎えるまでのエサ代とともに個体の値段に含まれます。人を傷つける恐れがあるいきものならば、頑丈な小屋を造り、在住の都道府県知事への飼育許可申請も必要です。家庭でそういった珍しいいきものを飼おうと思うと、「いきもののために使うお金」が莫大にかかるのです。

大体のいきものは、運ぶための箱もその大きさに合わせて専用につくらなければならない。

イヌやネコなら必要なものや飼育道具をそろえるのは、そう難しくありません。困った時に相談できる医療機関もあちこちにあります。ハムスターやウサギ、インコなどもそれに続くでしょう。しかし、一般的ではないいきものほど、長生きさせるのは難しく、必要な経費も増えていくでしょう。動物園にいるほとんどのいきものはたとえ小さくてかわいくても、一般家庭で飼うことには向いていないのです。そう考えると、入園料だけで世界中のたくさんのいきものが一度に見られる動物園は、とても貴重な場所なのです。

やっぱりペットは無理?

うーん

駿河湾深海生物館

するがわんしんかいせいぶつかん

静岡県沼津市 ›››

DATA⇒P105

マニア向け　学習向け　ファミリー　ふれあい　ごはんあげ　全天候　まわりやすい　広面積　アクセス良好

世にも珍しい深海専門博物館

近年注目されるようになってきた「深海」という世界だが、ここは開館25年を超える老舗博物館だ。主に戸田港周辺で水揚げされた深海生物およそ300種の標本が展示されている。ホルマリン標本が多いが、剥製もある。深海生物の標本が建物を埋め尽くす施設は全国的にも稀。

あのかわいらしいメンダコも吸盤の見やすさ重視でこんな浸け方をされているのが面白い。吸盤がまっすぐ並んでいるのがメスで、互い違いになるのがオスだ。

ギンザメ

ギンザメは普通の魚（硬骨魚）よりはサメ（軟骨魚）に近いが、サメともまた違う（エラ孔が一対しかないなど）特徴が多く、謎に包まれているいきものだ。生きている姿はほとんど見ることができないし、標本もレアだ。

充実したタカアシガニの標本

言わずと知れた、世界最大のカニであるタカアシガニの各種標本がみられる。タカアシガニが水揚げされる港は、全国でもここ戸田港のほかには数カ所しかない。この土地ならではの展示といえる。

赤ちゃんのときの成長過程を示した貴重な標本

もちろん周辺の料理屋ではタカアシガニ料理が食べられる

コラム

明日から使える

タカアシガニのチャームポイント

- 脚はオシャレな白色のまだら模様
- 目の横から飛び出た棘がカッコイイ
- 体の割におしとやかなハサミ
- 「生きた化石」とされる

水族館でもなかなか見られないフルサイズのタカアシガニ

脱皮中に死んだタカアシガニの標本

甲羅の下から新しい身体が出てきている最中。大きいと脱皮も命がけなのだ。

タカアシガニ以外のカニも充実

サガミモガニ

オオホモラ

フリソデウオ

新鮮な状態であれば、銀色のメタリックなからだに鮮やかな赤色のヒレをしている。フリソデウオの属するアカマンボウ目には有名なものでリュウグウノツカイがいる。

ミズテング

コワモテ系深海魚を代表する「エソ科」の仲間。名前の割にテングっぽさが感じられない謎の魚。

ヘラツノザメ

極めて鋭利な吻先(ふんさき)が特徴。異様に大きな目玉がいかにも深海魚っぽい。食品にも利用されるサメ。

ユウレイイカ

この写真だけをみるとダイオウイカ並みの巨大イカの体型を彷彿とさせるが、実際は40cmほどだ（最も長い腕を伸ばせば60cm）。半透明のからだと華奢な感じがまさに幽霊っぽい。発見例が非常に少ない。

おすすめ

マニア向けクイズ

超～難問?!「戸田の海検定」クイズは、中学生～大人向けになっているが、もとより興味がある人でなければ、館内の説明をくまなく読まないと惨敗するだろう。受付で答え合わせをしてもらい、全問正解すると記念品がもらえるので頑張ろう。

戸田造船郷土資料博物館 駿河湾深海生物館

● 開館／1987年

戸田造船郷土資料博物館と併設されている。貴重な造船資料やこの地に深くから伝わる漁業にまつわる道具などが展示されている。深海生物館は写真撮影可能。

〒410-3402
沼津市戸田2710-1
☎0558-94-2384

● 開館時間／9:00～16:30
● 休館日／水曜日・祝日の翌日
年末年始

● 大人／200円
● 小・中学生／100円
● 小学生未満／無料

● JR「沼津駅」からバスとタクシーを使って1時間30分「戸田停留所」
● 伊豆箱根鉄道駿豆線「修善寺駅」からバスで1時間「戸田停留所」

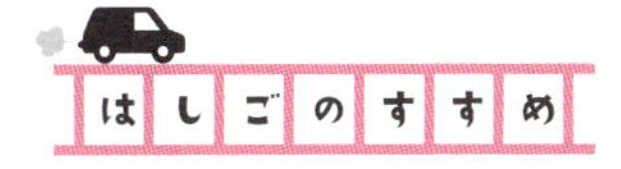

#06 伊豆三津シーパラダイス ⇒ P044
県道17号を北に50分

#07 あわしまマリンパーク ⇒ P050
県道17号を北に50分

雲見くじら館
くもみくじらかん

静岡県賀茂郡 ›››
DATA⇒P107

マニア向け　学習向け　ファミリー　ふれあい　ごはんあげ　全天候　まわりやすい　広面積　アクセス良好

文化としての捕鯨も学べる

1977年雲見港に迷い込み、砂浜に座礁したクジラがいた。世界的にも貴重なセミクジラだと判明し、解体、標本がつくられた。ここでは全身の骨格標本と捕鯨の歴史やクジラの利用方法などの資料も多数展示されている。

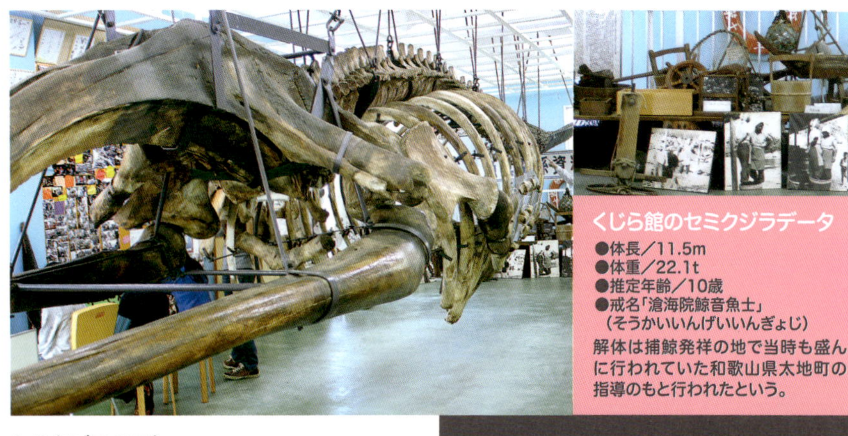

くじら館のセミクジラデータ

- 体長／11.5m
- 体重／22.1t
- 推定年齢／10歳
- 戒名「滄海院鯨音魚士」（そうかいいんげいいんぎょじ）

解体は捕鯨発祥の地で当時も盛んに行われていた和歌山県太地町の指導のもと行われたという。

セミクジラのこと

セミクジラのセミは、虫のセミではなく、ほとんどのクジラにある背びれをまったく持たずツルンとしていること、背のカーブの美しさなどが由来。漢字で書くと「背美鯨」。最大級の個体は18mといわれている。泳ぐ速度の遅さや脂肪の多さ、そのため死んでも沈みにくいことなどから、世界各地で恰好の捕鯨の対象とされてきた。

浄瑠璃人形の頭部の模型。ひもを引っ張ると眼球が動く、口が開くなどのからくりがある（実際に動かすことができる）。このバネ材にセミクジラ特有の弾力あるヒゲが不可欠なのだが、近年捕鯨禁止のあおりを受け、入手困難になっている。この人形は、くじら館が所有するヒゲのおかげで非常時の人形修復ができた細工人からの寄贈品であるという。

**肋骨の下に入って
記念撮影もできる**

セミクジラの骨格標本をここまで近くで堪能できる施設はおそらく世界にも他にない

施設情報

雲見くじら館

●開館／1983年

眼下には雲見のビーチを見下ろす。夏には海水浴客で賑わう地だ。雲見温泉観光協会が所有する施設で、2010年に一度閉館したものの、周辺住民や観光客の声により同年に再開している。

〒410-3615
賀茂郡松崎町雲見387
☎0558-45-0844

●開館時間／9:00～16:30(夏期)
　　　　　10:00～15:00(閑散期)
●休館日／月曜・水曜日

入館料

●大人／100円
●子供／50円

交通情報

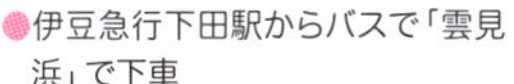

●伊豆急行下田駅からバスで「雲見浜」で下車

#01 下田海中水族館 ⇒ P010
国道136号線を利用して1時間

焼津市深層水ミュージアム

やいづししんそうすいみゅーじあむ

静岡県焼津市 ›››

DATA ⇒P109

マニア向け　学習向け　ファミリー　ふれあい　ごはんあげ　全天候　まわりやすい　広面積　アクセス良好

駿河湾がもたらす深層水の秘密

　さまざまな使い道があり豊富な資源とされる海洋深層水をPRするための焼津市営の施設。深層水の魅力を伝えるパネル展示や潜水艇が映した貴重な深海の映像のほか、複数の海水水槽があるため、この地域ではちょっとした水族館の役割も持つ。タカアシガニやオオグソクムシなど近年の深海ブームで話題になったいきものも見ることができる。

ユメカサゴ

水深270mの取水管から搬入された。ここ焼津では「かぐら」「がしら」などの名前で呼ばれているという。正面から見た顔のかわいさがおすすめの魚。

ラブカの剥製

珍しい深海ザメの仲間、ラブカの剥製もある。ちょっと独特なつくりで、ラブカの風変わりな歯が見やすい。三又になったフォークのような歯が縦に連なるのが特徴だ。

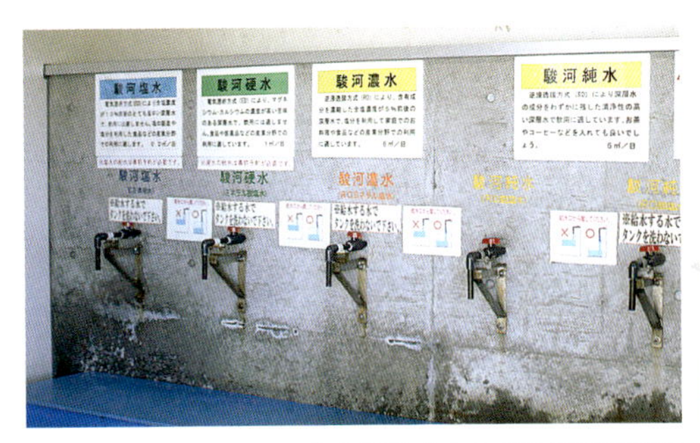

塩分を除いたもの、または塩分を濃縮したものなど、用途に合わせた深層水を家庭で利用できる。

アクア塩あめ 140円

海のじぇらーと塩味 160円

ほかにイチゴ・塩キャラメルなどがある

施設情報

焼津市深層水ミュージアム

●開館／2004年 ●面積／307.26㎡

深層水は有料で汲んで持ち帰ることができるほか、深層水を使ったアイスなどのデザート、化粧品もそろえている。タンクを持ったお客さんで賑わっているが、ミュージアムは比較的混雑しないのでじっくり見られる。

〒425-0032
焼津市鰯ケ島136-24
☎**054-620-5782**

●開館時間／9:00～17:00
●休館日／月曜日・年末年始
※月曜日が祝日の場合は、翌日休館

入館料

●無料

交通情報

●JR「焼津駅」から徒歩で25分

column

絶滅に瀕するいきものたちを守るために

なぜ守る必要があるの？

ある種類のいきものが絶滅するということは、地球の歴史から見れば大したことではなく、頻繁に起きてきたこと。ただし、その原因が「人間」となると、「問題ない」とは言い切れません。人類の営みによって、地球規模で環境が変わり、住処も奪われ、最終的にその種ごと消されてしまういきものたちがいるのです。これに対し「絶滅は生物の進化の上で当たり前」とする意見もあります。しかし、そのスピード、範囲の広さ、根深さは、「当たり前」では片づけられない不安を感じるものでもあります。多くの種類のいきものを研究することが、生物の歴史の謎を解くカギとなり、それらが暮らしていける環境があることが、未来の地球の豊さに繋がるのです。

危惧種とそのレベル

絶滅の恐れのある野生動物（植物も）を「絶滅危惧種」と呼び、その危険度をレベルで分けたものを「レッドリスト」と呼んでいます。日本では環境省が作成しています。

また、国に指定されなくても、自治体や専門家からなる団体等が、独自のレッドリストを作成したり、保護するいきものを定めたりもしています。

日本には絶滅危惧種を守るため1993年に施行された、「絶滅のおそれのある野生動植物の種の保存に関する法律」があります。通称「種の保存法」「野生動植物保存法」と呼び、この法律の目的は「個体の保護」「生息地の保護」そして「保護増殖」の3つです。つまり、死に絶えそうなら守って、殖やす！「レッドリスト」自体に法的拘束や権限はありませんが、保護する必要のある動植物を指定する際に、資料として使用されています。

レッドリストのカテゴリー

	絶滅 Extinct(EX)		我が国ではすでに絶滅したと考えられる種
	野生絶滅 Extinct in the Wild(EW)		飼育・栽培下あるいは自然分布域の明らかに外側で野生化した状態でのみ存続している種
絶滅危惧種	絶滅危惧I類	絶滅危惧IA類 Critically Endangered(CR)	ごく近い将来における野生での絶滅の危険性が極めて高いもの
絶滅危惧種	絶滅危惧I類	絶滅危惧IB類 Endangered(EN)	IA類ほどではないが、近い将来における野生での絶滅の危険性が高いもの
絶滅危惧種	絶滅危惧II類 Vulnerable(VU)		絶滅の危険が増大している種
	準絶滅危惧 Near Threatened(NT)		現時点での絶滅危険度は小さいが、生息条件の変化によっては「絶滅危惧」に移行する可能性のある種
	情報不足 Data Deficient(DD)		評価するだけの情報が不足している種
	絶滅のおそれのある地域個体群 Threatened Local Population(LP)		地域的に孤立している個体群で、絶滅のおそれが高いもの

（生物多様性情報システムHPより）

静岡県でみられる レッドリストに載っているいきもの

野生絶滅

シロオリックス
（伊豆アニマルキングダム）

絶滅危惧IA類

カンムリシロムク（日本平動物園）
ヨウスコウワニ（iZooほか）
ニシローランドゴリラ（浜松市動物園）
ほか

絶滅危惧IB類

イシカワガエル（あわしまマリンパーク）
クロザル（浜松市動物園）
クロツラヘラサギ（掛川花鳥園）
シロテテナガザル（伊豆シャボテン公園）
リカオン（富士サファリパーク）
ほか

絶滅危惧II類

ガラパゴスゾウガメ（iZoo）
アマゾンマナティー（熱川バナナワニ園）
キタオットセイ（伊豆三津シーパラダイス）
コツメカワウソ（浜松市動物園）
ハシビロコウ（伊豆シャボテン公園）
ほか

準絶滅危惧

アメリカバイソン（日本平動物園）
オオサイチョウ（伊豆シャボテン公園）
シマハイエナ（富士サファリパーク）
マントヒヒ（伊豆アニマルキングダム）
トド（伊豆三津シーパラダイス）
ほか

column

保護について

では、保護とは具体的にどういうことを指すのでしょう。「そのいきものを確保する」「繁殖させる」「育てる」「生きさせる」、そして「一連の流れをつくる」ということではないでしょうか。自然の中でそのサイクルを取り戻せれば、一番いいのですが、それができずに滅びてゆくいきものが多いのです。では、どのような方法で保護されているかを紹介します。

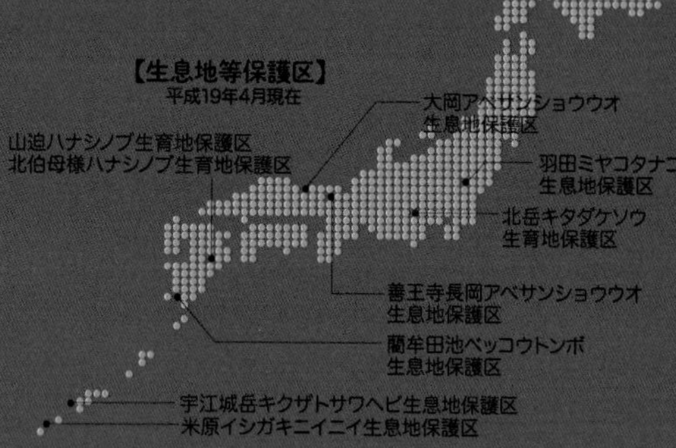

保護区

指定されたいきものを守るためには、生きている環境そのものも守る必要があるという考えのもと、日本には9カ所の保護区が認められています。

保護区の中にも場所によってレベルがあり、保護して守る必要がある「管理区域」、管理区域の中でも特定生物の生息、育成のために保護しなければいけない区域を「立入制限地区」、それ以外の場所を「監視地区」としています。これは国が「この地域は、このいきものが生きのびていくために必要な場所だから、人間が勝手に手を出せない地域に指定します」と決めた区域です。「（いきものがこれからも生きてゆくための）一連の流れをつくる」ために、保護環境が不可欠であり、その環境があることが未来の地球の豊さだとしているので、土地（を含めた環境）を守ることは大切なのです。しかし未だ保護区の数は少なく、また安易に増やせないということがネックになっています。

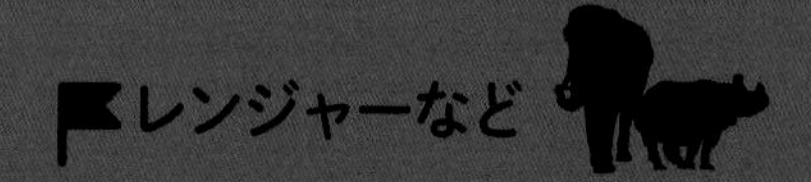

レンジャーなど

北米やアフリカには動物管理官（通称レンジャー）という職業があります。

野生動物に関する幅広い仕事を行いますが（調査、監視、捕獲等）、その一つに保護があり、例えばアフリカの国立公園には、公園内に生息するゾウを守るため、銃を携えたレンジャーがいます。高値で取引される象牙を狙った密猟者があとを絶たず、特別保護区内であるのにも関わらず、無残に殺されていくアフリカゾウは絶滅の危機に瀕しています。密猟を未然に防ぐこと、犯人を捕まえることが彼らの任務ですが、密猟者は危険な武器を持っているため、守る方も命がけ。

日本ではまだ動物管理官という役職はありませんが、設立に向けての取り組みは始まっています。

絶滅に瀕するいきものたちを守るために

動物園

絶滅危惧種や国内外を問わず、「いきものを確保する」「繁殖させる」「育てる」「生きさせる」を行っている、代表的な施設。動物園ごとに「担当動物」が決められていたりするので、特定のいきものに力を入れて飼育・繁殖させている場合もあります。

動物園のいきものは成長過程で人の力が大きく関わっているため、自然のサイクルに戻すことが難しく、自然界では絶滅しそうだけれど、動物園では見ることのできるいきものもいるのです。今後もそれらを守り、増やし、生かしていくというのが動物園の大切な役割の一つ。動物園には種を繋いでいくという使命もあるのです。

できることから始める保護活動

これまで紹介した保護活動は何だか大きすぎて自分とは遠いことのようと思った人も多いのでは。そこで個人でも参加できる身近な保護活動を紹介します。

現場を見にゆく

絶滅の危機に瀕している動物を見ることのできるツアーに参加してみたり、保護・繁殖を行っている専門機関に問い合わせてもいいでしょう。1番簡単なのは動物園に行き、絶滅危惧種を意識して見てくることです。

団体に入る

野生動物や絶滅危惧種の保護を行っているNPOやNGOなどの団体は多いので、その活動に参加してみましょう。団体の目的や活動実績、今後の方向性などを確認し、団体が主催しているイベントなどに参加してみるのも一つです。

募金や寄付をする

自分で直接保護活動を行うのではなく、保護活動を行っている人・団体をバックアップするのが募金・寄付。興味のある団体へ問い合わせてみましょう。大切なのは、その団体がその資金でどんな活動を行ったかを見ること。

note

取材中に知った、いきもの裏話

掛川花鳥園の「忍者アイドルの真相」

うまれたばかりのアフリカレンカクのヒナはとてつもなく可愛い。多くの鳥と違い、繁殖期らしいものがなく、掛川花鳥園では不定的にヒナがうまれることも知っていた。うまれたばかりの状態をみられたら非常にラッキーだろうと、訪れる際には直近の“アフリカレンカクベイビーチェック”を怠らなかったが、残念ながらそのチャンスは掴めていなかった。今回も絶対にその旨を記載したいと、担当者との話の中でアフリカレンカクのことを無理矢理話題の中心にしたところ、なんと繁殖を制限しているとのことだった（驚いて温室レストランのイスから転げそうになった）。あんなにアイドルの素質のある鳥はなかなかいないのではないか。飼育されている園も少ない。なのになぜ？

聞くところによると、とても縄張りの意識が高く、大きさの割にスペースを多く要する鳥だそうで、いくら広大な温室の中のプールでも鳥同士の縄張りが重なってしまうと親子でも命に関わる争いをしてしまうことがあるという。くちばしも爪もあんなに可憐で温厚そうなのに、見かけによらない。アフリカレンカクのヒナは当分みることができなさそうだ。

iZooの「今後」

iZooの園長であり動物商でもある白輪剛史氏の携帯電話には取材中にもひっきりなしにかかってくる。聞いてはいけないと思いつつ、某人気者○○が××匹などの言葉が聞えてしまう。電話の終わった園長に、iZooには今後どんな導入予定があるのかをやんわりと聞いてみた。園長は楽しそうに教えて下さった。思わず声をあげてしまった。□□□□□□□と☆☆☆☆☆☆☆☆!? すごい情報を知ってしまった。せっかくならそれらに合ってから本書をつくりたかった。iZoo、これからどんどんマニアック動物園になっていく。今言えるのは、これだけ！

この本の取材をしたのは

いきもの企画という動物園・水族館にさまざまな提案をするNPO団体です。
本書では、取材・撮影・文・イラストを担当しました。
「すべてのいきものを主役に」
この言葉をテーマに、次のような活動をしています。

- いきものについて、もっと楽しく知ってもらう
- 動物園や水族館を、今よりもっと好きになってもらう、遊びにいってもらう
- 小さくて目立たないいきものにもスポットライトをあてる

「いきもの」や「動物園・水族館」の魅力、楽しみ方を提案しています。

これまでにつくったもの

いきもの色図鑑

ふつうのいきもの図鑑と異なり、色で分類されているので様々な種類のいきものが並ぶ新たな発見がありそうな図鑑です。各色にウソのいきものを混ぜてあるので探してみましょう。

もっとメモ

平成25年度、静岡市との協働により作成しました。日本平動物園の４つの施設にスポットライトを当て、各施設の楽しみ方を中心にした冊子です。

日本平マニアブック

平成26年度、静岡市との協働により作成しました。日本平動物園のマニアックな情報を詰め込んだ1冊です。読めば誰でも日本平動物園マニアになれる！そんな冊子になりました。

もっと好きになってもらいたい

「好きな動物は？」と聞かれたときに「ゾウ！」と答えていたあなた。あなたが好きなゾウはアフリカゾウ？アジアゾウ？それともマルミミゾウ？みんなそれぞれ住む場所や顔も大きさも違います。今よりも少しだけ、興味を持ってみませんか。知ることで好きになり、いきものが身近になってきます。やっぱり「いきもの」は楽しい。

いきもの企画について詳しくはこちら **http://www.ikimono-kikaku.info/**

企画・編集／静岡新聞社編集局出版部

取材・撮影・イラスト／いきもの企画
川口瑠衣
橋詰茉莉亜
宮原智未

デザイン／ komada design office

2015年3月20日　初版発行

発行者　大石　剛
発行所　静岡新聞社
〒422-8033
静岡県静岡市駿河区登呂3-1-1
TEL 054-284-1666

印刷・製本／中部印刷株式会社

ISBN 978-4-7838-1963-9 C0045